致所有曾经站在夜空之下对星星充满好奇的人们。

目 录
CONTENTS

01

从太空时代到石器时代

寻找第一批仰望星空的人类

下次在一个无云的夜晚，你可以来到户外，找个黑暗的地方。这个地方应该远离街灯、树木和建筑物，这样你才能看到最佳视野的夜空，但不要立刻抬头凝望。你的眼睛需要三四十分钟的时间才能完全适应黑暗，在此期间，它们对光的敏感度将提高1万～100万倍，达到最佳观星状态！

等这段时间过去，你也找到了合适的观察点，这时便可以抬头仰望了。依据大气条件和你眼睛的敏感度，你将能看到三四千颗恒星。其中，每颗恒星本身都是一个遥远的太阳，可能拥有自己的行星家族。

对大多数人来说，这种经历通常会令人感到平静和崇敬，往往还会让我们体会到自己的渺小。即使我一辈子都在研究夜空，它的景象也总能令我充满敬畏和兴奋。我一直试图了解星空，并最终折服于它的浩瀚。近来，我意识到星空最迷人的地方不在于星星的数量或性质，而在于与我们短暂的生命相比，它们是不朽的。

莎士比亚看到的星星以及它们的排列，与我们看到的一样。伽利略、哥伦布、圣女贞德、克娄巴特拉和好奇地仰望星空的最初的类人猿看到的也是同样的景象。从太空时代回溯至石器时代，身处夜空之下，也是在见证其他每一个曾经存在过的人所看到的景象。这是我们共同的遗产。

仰望星空

本书讲述的是我们与夜空之间关系的历史。它不只是一本关于我们如何理解天文学的书，还讲述了我们对天空的迷恋如何影响社会、文化、宗教以及科学的发展。除了使我们能够科学地理解宇宙，星空还启发了我们的诗人、艺术家和哲学家，给予我们一个可以寄托希望和投射恐惧的处所，揭示了我们的真正起源，预示了我们最终的命运。

其实，仰望夜空试图寻求意义正是我们人类难以磨灭的特征之一。正如本书将展示的，讲述我们对夜晚的这种迷恋就是在讲述人类的故事。

至于人类如何或为什么会感到自身与夜空紧密相连，目前尚无定论。但越来越多的来自不同学科的证据显示，至少有理由相信我们对夜空的迷恋在几乎 7 万年前人类进化至类似于现代人类的时候就开始了。

回溯至如此久远的史前时代的现代动力，来自美国一位原先是记者后成为考古学家的亚历山大·马沙克的研究工作。和当时世界上其他大部分人一样，马沙克对太空的迷恋始于 1957 年 10 月 4 日，当时苏联成功制造出了强大的运载火箭，把世界上第一颗人造地球卫星"斯普特尼克 1 号"送上了太空。然而，与那个时代其他许多人不同，令他着迷的不只是"太空时代"技术上的成就。马沙克的兴趣是原始而朴素的：他更想知道是什么促使人类想要

"触摸"夜空。

5年后，美国总统约翰·F.肯尼迪于1962年秋天在得克萨斯州休斯敦的莱斯体育场发表了如今闻名遐迩的一场演讲。在演讲中，他承诺美国将在20世纪60年代结束前将人类送上月球表面。马沙克决定写一本与你现在正在阅读的这本书相似的书，旨在解释人类是如何——以及更重要的是为什么——来到了可能完成这一使命的历史阶段。但是马沙克一开始进行研究，就发现这是个"几乎不可能完成的任务"。[1]

他把1963年的大部分时间用来到美国各地采访参与太空探索这一新兴领域的人们。受访者包括许多当时杰出的专家，比如肯尼迪总统的科学顾问杰罗姆·威斯纳博士、美国国家航空航天局（简称"美国宇航局"）局长詹姆斯·韦布、美国国家科学院和空军的代表，以及其他诸多学者。马沙克还与苏联的专家们进行了交流。但是，对于人类"为什么"要探索太空这个简单的问题，却没人能给出明确的答案，似乎这一行为背后只是人类最朴素的一种冲动。

的确，历史上并不缺乏这种冲动的实例。1596年，伟大的德国数学家和天文学家约翰内斯·开普勒写道：

> 我们不会问鸟儿唱歌有什么用处，歌声能够带给它们乐趣，因为它们是为歌唱而生。同样，我们也不该问为什么人类渴求一探天空的奥秘……自然界的现象如此繁多，藏在天上的宝藏又如此丰富，它们的存在就是为了让人类的思想永远不缺少新鲜的养分！[2]

再向前追溯至约 2 400 年前，古希腊哲学家柏拉图写下了他的杰作《理想国》。在该书第七卷中，柏拉图设想我们的眼睛之所以形成就是为了审视夜空，但与其沉醉于后者纯粹的美丽，我们更应该锻炼自己的头脑以弄清楚天体排列背后的规律。他的意思很明确。我们研究夜空的动机与英国探险家乔治·马洛里在面对为何要攀登珠穆朗玛峰的问题时所给出的答案相同："因为它在那儿。"肯尼迪甚至在休斯敦引用了马洛里的话来解释为什么美国应该登上月球。

文明的刻痕

为了解释夜空在情感上的魅力，马沙克首先想确定我们对它的迷恋是从什么时候开始的。这种追寻将他带回到文明与农业出现之前，还没有所谓的历史的时候，当时人类还生活在数万年前的狩猎采集群落的年代。到头来，他写下的并非一本关于太空的书，而是一本关于人类科学与文化的史前起源，以及夜空在我们的觉醒中所起到的关键性作用的书。正如马沙克的妻子在 2004 年刊登于《纽约时报》的讣告中所言："他是如此着迷，以至于离开太空时代，回到了冰河时代。"

她提到的冰河时代是从 260 万年前到 1.2 万年前冰川遍布世界的时期。在那段时间里，北欧大部分地区被掩盖在北极冰盖之下，阿尔卑斯山脉的冰川也远远超出它们如今的边界。也正是在这一时期，出现了各种与其他类人猿截然不同的人类。这一过程始于约 230 万年前能人（*Homo habilis*）出现在非洲，并在约 20 万年前随着我们所属的物种——智人——的出现到达巅峰。然而，又过了 13 万年，我们故事的转折点才姗姗而来，一件非同凡响的事情发生了：我们开始以不同的方式思考。

没有人知道为什么会这样，或许是我们 DNA（脱氧核糖核酸）中某些随机的突变令我们的大脑突然能够以更加抽象的方式感知世界，这也可能始于一个智人出现之前就存在的渐进过程。[3] 无论触发它的是什么，所谓的人类认知革命在 7 万年前就已完成。[4] 尽管在那之后过去了数万年，但我们相信当今的人类与那时的祖先并没有本质上的区别。他们的脑力和我们的一样，他们的思考能力和我们的一样，他们的好奇心和想象能力也和我们的一样。这些原始人类缺少的只是我们如今积累的知识。但化石记录表明，他们的学习速度很快。

到了约 4 万年前，500 万左右的人口（如今，人类总人口约为 80 亿）从非洲扩散到了全球。考古学家将这段时期定为旧石器时代晚期（从约 5 万年前持续至 1 万年前）。作为狩猎采集者，这段时期的人类通过采集野生植物和捕捉野生动物来获取食物。在遗留下来的人工制品，如油灯、船只、弓箭、缝针（骨针）中，我们可以看到最终引出技术的逻辑思维的发展，而且能够罗列的远不止工具。

艺术也诞生于这段时间。最早的能够明确体现出创造性思维的作品可以追溯至大约 4 万年前，这些作品是在德国施瓦本侏罗山地区谢尔克林根附近的霍勒·费尔斯（"空心岩石"）洞穴中被发现的。其中包括一些小塑像，比如霍勒·费尔斯的维纳斯雕像和由中空的秃鹫骨头制成的笛子。在附近的施塔德尔洞穴中，人们发现了一个类似的用远古时期的猛犸的牙雕刻而成的狮子小塑像。它的与众不同之处在于，狮子以人类的姿势用后腿站立着。

施塔德尔洞穴的"狮人"雕像显示出制作它的艺术家具有可以构想出现实中并不存在的事物——在这个例子中是狮子与人类的糅合——的想象力。

不过，吸引亚历山大·马沙克注意力的是一块10厘米长的狒狒骨化石，它是由比利时考古学家让·海因策林·布劳克于1960年在爱德华湖岸边一个古代刚果村庄伊尚戈的废墟中发现的。这块距今2万年左右的化石因为带有许多相当不美观的刻痕而引人注意。虽然这些刻痕实在算不上是艺术，但它们看起来也不是随意刻上去的。它们被分成了三个不同的部分，第一部分包含分别有11、13、17和19条线的几组，第二部分的几组分别有3、6、4、8、10、5、5和7条线，第三部分的几组则分别有11、21、19和9条线。[5]

海因策林在《科学美国人》中描述这一发现时指出，第一组数字是10和20之间的质数。[6]第三组的数字代表着一种数学上的规律：10+1、20+1、20-1和10-1。但他未能在第二组数字中找到规律。尽管如此，海因策林推测，雕刻这些线条的人可能在进行某种算术游戏。马沙克对这种解释心存疑虑。在他看来，这些刻痕更像是计数标记，但它们是对什么的计数呢？

马沙克想起他读过的一篇有关现代狩猎采集社群——比如非洲的卡拉哈里布须曼族群——的论文。作者在文章中写道：那些文明知道如何利用星辰和／或月亮来计算时间的流逝。

夜空恰好适合这一目的。首先，日子与太阳有关，后者的运行轨迹预示白天与黑夜的交替，年份和各个季节显然与星辰及星座在12个月的时间中改变位置的方式有联系。月份最简单的形式指的是月亮完成4个星期的月相周期所需要的时间：从新月到满月的"盈"阶段需要大约14天，在两个星期的中间是半个圆月；

"亏"阶段则与其正好相反。

"月份"和"月亮"二词的相似性也并非巧合。尽管这两个单词的词源很复杂，但它们都源自拉丁语单词"metiri"（测量）。这意味着在2 000多年前月亮就已成为衡量时间流逝的标准。

马沙克好奇这一标准是否能够追溯到旧石器时代晚期。具体而言，他想知道"伊尚戈骨"是否就是对月相的记录。如果是这样，"伊尚戈骨"将会成为世界上已知最古老的历法，同时表明人类与夜空之间已知的最早关系是基于实用性的：他们将它当作时钟。

这也意味着我们几乎是刚刚一有可能就开始了与夜空的联系：在人类伟大的认知革命期间，我们的祖先第一次揣摩他们周围的世界，思索如何在其中生存，以及他们在其中所处的位置和意义。

马沙克着手验证他的假设，并想出了一个复杂的系统，令这些划痕看上去确实与月相有所关联。但这就意味着要假设雕刻了这块骨头的人将其月相观测分成了为期60天和48天的两组。然而，没有明确的理由显示为什么他要这样做。因此，虽然马沙克对"伊尚戈骨"的解释十分吸引人，但它很难被视为确定性的结论。事实上，自马沙克以来，其他研究人员也提出过许多不同的解释，涵盖了从异乎寻常（石器时代的"滑尺"）到平凡无奇（货物计数）的各种可能。

为了进一步证明他的理论，马沙克找到其他一些有类似刻痕的旧石器时代晚期的人工制品，最后于1972年在《文明的根源》（*The Roots of Civilization*）中阐述了他的发现。尽管他的作品存在争议，一种普遍的批评观点认为他的作品推测性过强了，但他还是给了后来的研究人员一些启发，这些研究人员继续研究人工制品和其他标记，寻找可能的天文学解释。很显然，仅从考古资料来证明这一点是一项艰巨的任务，不过一般的观点认为马沙克的学说确实具有一定价值，而此后发现的其他人工制品也只是给他的论点增加了更多的分量。

这些人工制品中有一个是在德国图林根州比尔津斯莱本史前遗址发现的大象胫骨，它被雕刻成两组共 21 条平行线，一组含有 7 条，另一组含有 14 条，但是骨头断了一部分。发现它的古生物学家迪特里希和乌尔苏拉·马尼亚提出，丢失的碎片可能含有第一组标记的镜像，这样记号的总数就会达到 28 个，这一数字立刻让我们想起阴历月份。如果是这样，骨头就能标记从新月到上弦月的 7 天，然后是经过满月再变到下弦月的两周，最后 7 天再变回新月。尽管在这个解释里面推测的成分很大，但它还是得到了关注。如果不是因为它要更加古老得多这一事实，通常这种人工制品是不会从其他那些可能也是基于月球运动的历法中脱颖而出的。这根大象骨头的年代不是数万年前，而是 35 万年前至 25 万年前。[7]令人震惊的是，这将它置于人类认知革命之前，甚至是在智人进化之前，回溯到人类的一个较早的物种——直立人——的时代。

尽管这一观点并非结论性的，但马沙克所研究的比尔津斯莱本骨骼和人工制品无疑为旧石器时代人们追踪夜空这一想法提供了令人心动的证据。但如果接受这一观点，就会引发一个更大的谜团：为什么？是什么促使这些早期的人类这么做的？

天上与地上

几十年来，学者们就这个问题给出的各种答案通常不外乎两类：实用的或宗教的。根据实用学派的观点，人们研究夜空是因为它可以用来标记时间的流逝。与此截然相反，宗教理论家则假定，我们夜观天空时所感受到的敬畏情绪会转化成一种崇拜夜空的需求。所以我们研究太阳、月亮和其他天体的各种运动，是为了把它们当作神来崇拜。

然而，这两种观点都无法令人信服：二者都错误地将实用动机和宗教动机对立起来，无法捕捉到人类思想的广博与宽泛。不要忘记，那些早期的智人和现在的我们有着同样的脑力，他们的思想里也和我们今天一样流淌着各种情感和欲望。

那么就让我们重新思考这个问题。要连续数夜、数周、数月甚至数年观测夜空并极其详细地做好记录，这需要付出相当大的努力，在今天是这样，在一个闲暇十分宝贵的狩猎采集社会，就更加如此。所以，这样做一定对社会大有裨益，那会是什么呢？

要想找到答案，我们可以借助于民族志学者的工作来考察现代的狩猎采集群体。民族志学是对社会文化的观察。由于我们不可能在时空上回到旧石器时代晚期并对那些在地球上四处游荡的狩猎采集部落进行观察，那么最好的方法就是观察那些今天仍旧像这样生活的人。这些现代狩猎采集群体如果运用天文知识来造福于群体，就可以为支持旧石器时代晚期的狩猎采集者也是如此的观点提供一个令人信服的论据。

据估计，世界上现在有 100 个左右不与外界接触的部落，主要分布在亚马孙河流域和新几内亚。[8] 他们大多会想方设法避免与外部世界接触，而且经常以充满敌意的武力抵御任何侵犯。因此，民族志学者不得不选择更容易接受与外界接触但一直避免被现代社会影响的其他部落。这样的部落有几十个。

接下来，民族志学者将狩猎采集部落分为两个子群：简单组和复杂组。简单的狩猎采集群体是人口密度较低的部落，成员之间完全平等，没有社会等级制度，所有资源均完全共享。他们的计数系统不超过几十个数字。

随着成员密度的增加，往往会出现复杂的狩猎采集群体。在这些群体中存在一种初期的等级制度，通常与食物过剩有关，那些生产得最多的家庭会比其他家庭的地位要高。这些群体中还存在一种趋势，即家庭拥有小块土地，并同时进行食物和原始艺术品的交易。在交易或出借食物和其他物品时，做好债务记录显然十分重要，这就使得记账和复杂的计数系统扩展至成百上千个数字。

正如马沙克特别提及的，几乎所有尚存的狩猎采集群体都借助于某种天文系统来计算时间的流逝，但是在上述两类群体之间存在着令人着迷的差别。

简单的狩猎采集群体了解月相和与太阳相关的事件，比如冬至和夏至，尽管他们并不会在这些日子前后自寻麻烦来组织宴会、仪式或庆典。这完全符合他们基本上是为了生存而战、很少有举行庆典仪式所需的剩余食物这一事实。

对于复杂的狩猎采集群体来说，情况就完全不同了。在这里，大多数部落会以某种方式观测二至日的到来，并掌握了某种形式的阴历历法，或者至少会监测月相。就二至日而言，冬至这一天作为一年中最短的一天，对整个群体似乎是最重要的，它被用来标记庆典和盛宴时期的开始——冬季仪式。在这里，用于宴会的剩余食物来自富裕一些的家庭，而宴会被用来聚集盟友，提高他们在部落中的重要性。

最重要的事实也许是，冬季仪式通常由萨满、长老或群体公认具有专业的夜空知识的其他人来主持，这个人通常与部落中占统治地位的家族关联在一起，负责预测即将来临的冬至和其他天象事件。如此一来，他们便顺理成章地负责确定在一年当中不时出现的各种节日和仪式的日期。

对于狩猎采集者来说，这些庆典不仅仅是社群活动，更是一种明显的政治生态事件。就像我们通过选举来选出领导人一样，部落中的各个家庭在这些聚会上钩心斗角、争权夺利，看看谁能给大家分享最多，并以此作为展示他们财富的一种手段。结盟、偿还债务、发放新贷款，他们为来年制定了议事日程并描绘了政治蓝图。

加拿大人类学家托马斯·福赛思·麦基尔雷思目睹了这一现象。从 1922 年到 1924 年间，他长期与不列颠哥伦比亚省贝拉库拉山谷的原住民努哈尔克人一起生活。[9]他详细描述了他们的冬季仪式，以及所谓专业人士如何通过辩论紧张激烈地确定准确的日期，这个过程通常会引发充满敌意的纷争。计算冬至日期需要天文学知识，只有最强大的家族才能抽调人手去学习，因此，如果较小的努哈尔克家族能够证明大家族的天文学家在计算中犯了错误，这无异于一场政变。

通过梳理如今人们这些琐碎的争论，我们为旧石器时代晚期为何发展出对天空的精准监测模式找到了一个看似合理的理由：这一切都是为了在地上争权夺利。这一观点由位于加拿大不列颠哥伦比亚省的西蒙·菲莎大学的布赖恩·海登和苏珊娜·维伦纽于 2011 年在《旧石器时代晚期的天文学？》（"Astronomy in the Upper Paleolithic？"）中提出，而且他们对我们为什么研究夜空这一问题给出了强有力的（而且无疑体现人类本性的）答案。[10]

为了接受从这种社会-政治角度对人类天文兴趣进行的解释，

我们要做的就是接受在人类历史上，这种仪式一直就是狩猎采集社会的一部分。支持这一点的是现代狩猎采集者行为的另一个方面：将洞穴用作神圣的天文场所。这直接让人联想到世界各地旧石器时代晚期的遗址。

洞穴与苍穹

1940 年 9 月，法国少年马塞尔·拉维达特在法国西南部多尔多涅地区蒙蒂尼亚克村附近的树林中探险时，发现了一组史前洞穴的入口，这组洞穴曾轰动一时，并让考古学家一直忙碌至今。它们就是拉斯科洞穴，因理由充分，已经被联合国教科文组织认定为世界遗产。

一个长长的入口竖井的尽头通向多个房间，房间墙壁上覆盖着引人瞩目的动物绘画。经过精心的调查，考古学家推断这些画是在大约 1.7 万年前经过几代人的共同努力才完成的。

不过这绝不是独一份，洞穴艺术遍布世界各地，通常可以追溯到数万年前的人类认知革命时期。对动物的描绘往往占主导地位，手形图案也是如此。后者是由一个人将手放在洞壁上，将颜料围绕手掌吹上洞壁，在岩石上形成一种轮廓而创作出来的。有趣的是，虽然既有成人的又有儿童的手印是这些洞穴的共同特色，但洞穴当中通常不会放置与日常住所相关的人工制品。所以，它们不是家庭生活的居所，而是人们出于某种特殊原因前往的地方。

在 20 世纪末，独立研究者尚塔尔·杰盖斯－沃尔基维兹提出，拉斯科洞穴并不是随意选来放置艺术品的。她解释说，拉斯科洞穴和类似的法国贝尔尼法尔洞穴一样，一年当中只有一天，也就是夏至那天的日落时分太阳光线能够穿入。[11] 杰盖斯-沃尔基维兹认为，或许这正是洞穴被造访之时，目的是举行一个特殊的或神圣的仪式。对现代狩猎采集者的民族志学研究为这种解释提供了依据。

南加利福尼亚的现代丘马什人中的历法专家已经形成一个精英团体，被称为"安塔普"，他们既留存了天文知识，又不让普通人接触它。"安塔普"的成员在用岩石艺术装饰的专用洞穴里举行精心准备的仪式，将他们的秘密知识传递给专门挑选出来的年轻新人，而且并不是只有丘马什人才这么做。这些专用洞穴就是阳光在一年中只有一次——在夏至那天——能够从洞口穿入深处的洞穴。

在怀俄明的一个山洞里，克罗族印第安人在一面墙上绘制了一头野牛的画像，而这面墙只有在冬至时，也就是克罗族印第安人开始为猎杀野牛季节的到来进行祈祷的时候才会被照亮。事实上，围绕历法和天文知识而形成某种精英团体甚或是秘密团体，似乎是最复杂的狩猎采集社会的一个特征。

是否能够成为这些秘密团体的成员，取决于个人在这个社会群体中的权势和人脉，也取决于你是否能够买通加入其中的门路。因此，这个团体会逐渐在这一社会群体中获得财富和权力。然后，在某个特定时刻，奇妙的事情发生了。这个团体开始神化他们所做的事情，进一步强化该团体对其所在群体的作用和重要性。随着神话传说的发展，角色会发生逆转，本来为社群服务的精英团体此时反而成了社群服务的对象。在提出这个设想时，海登和维伦纽夫把这些精英个体称作"强化者"。他们写道："强化者是指那些试图有组织地将自身利益置于其他群体成员利益之上的人，为了达到这些目的，他们通常会采用各种诡计或策略。"[12]

当一个狩猎采集群体能够成功地产生足够多的盈余时，这一切就开始了。这种情况让人们有机会将精力花在其他事情上，而不仅仅是为了生存，一些人将其视为提升自己地位的机会。

虽然这初听起来像是对我们在历史上观测夜空的潜在原因的一种愤世嫉俗的解释，但它的确描述了我们与夜空关系当中的那个关键时刻。在这个时刻，我们第一次将我们的"魔法"投射到星辰上。通过赋予夜空特殊的神秘属性，早期人类将其划分为一个与地球上的事物不同的领域，并为即将到来的最终将夜空神化的宗教奠定了基础。

02

天堂的发明

文明的晨曦

我们发现遍布世界各地的宗教场所——清真寺、犹太教堂、其他寺庙和教堂，在社会上和地理上通常会成为一个群体的核心。它们是人们聚集在一起颂扬共同信仰的地方，这些信仰给出了他们周围的世界和他们的生命之所以存在的意义。

　　宗教信仰总是根植于某种"隐域"，一种我们无法直接看到的东西，但它能够保证我们经常不经意经历的事件中渗透着一种基本秩序。宗教以这种方式，通过提供一系列共同的价值观和一个赋予人们生活秩序的基础框架，加强群体各成员之间的联系。

　　当今世界传播着4 000多种宗教信仰。其中许多都体系复杂，需要专家进行解释，但最初的宗教则是简单得多的事务。像动物和植物一样，它们不是已经演变成更复杂的形式，就是已濒临灭亡了。据美国哲学家丹尼尔·丹尼特的估计，地球上有几十万种宗教在不同的时期传播过。

　　最简单的宗教可以在尚存的狩猎采集群体中找到。这些往往构成了对自然世界的一种尊重和崇拜的形式，被19世纪人类学家和哲学家称为"万物有灵论"（animism）。这个称谓源自拉丁语"anima"一词，意为呼吸、精神或生命。虽然它的传播和影响有盛有衰，但依然能说明原住民是如何与自然发生关系的。

万物有灵论的核心信念是，从人类和动物到植物和像岩石这样没有生命的物体，"精神"无处不在。当一棵树被砍下来用作建筑材料，或者一只动物被屠杀作为食物时，这种精神或"灵魂"就消失了。因此，万物有灵论者信奉的是所有自然物体都应当得到同情和尊重。

人们认为，万物有灵论主宰了我们祖先的思想，它源于对活着的真正意义的发问。人类、动物、植物和岩石之间有什么区别？我们人类应该如何与其他那些自然物体联系起来呢？

根据万物有灵论，结论是自然界的一切都是通过"精神"联系在一起的。最微小的水滴和最遥远的星辰，它们每个灵魂都是相互连接的，从而形成一个宇宙体。在一个地方发生的扰动或事件会波及其他所有地方，为了"证明"这一理论，他们转向了天空。

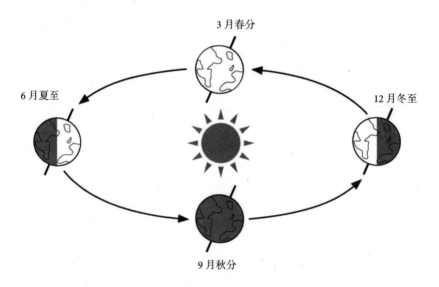

图 2-1 季节是由地球在其轨道上的位置决定的，这决定了地球相对于太阳的旋转轴的方向

现在我们知道，地球每 24 小时绕地轴旋转一圈，给我们带来了白昼和黑夜的更替。我们也知道我们的行星——地球——每年绕太阳运行一周。由于地球自转轴不是垂直的，而是倾斜 23.5°，这给我们带来了季节变化。但我们的祖先认为地球是宇宙固定的中心，所有天体都围绕着地球旋转。从这个角度来看，他们所看到的只是恒星和行星的变换模式以及地球上同时发生的变化。有考古证据证明，他们下定决心来研究这些现象。

石头圆圈

在公元前 9000 年到公元前 7300 年之间，一个游牧民族偶然在现今撒哈拉地区东部的努比亚沙漠发现了一个湖泊，那里被称为纳布塔-普拉亚。当时那里的气候与今天的大不相同，每年夏天雨季过后，都会形成暂时性湖泊，周围的平原也开始生机盎然，生命在这里繁衍生息。根据考古遗迹判断，这些漂泊的人放牧牛群，因而是牧民而不是狩猎采集者。因此，纳布塔-普拉亚作为一个憩息和牧牛的地方，它的吸引力是显而易见的。这个季节性湖泊甚至可能成了不同的部落和群体每年聚集的场所。

那些人工制品清楚地表明，第一批发现纳布塔-普拉亚的人并不是最后一批。随着数百年乃至数千年的发展，越来越多的游牧群体聚集到这里，到公元前 7000 年，越来越多的人开始在这里定居。[13]

由排成直线的小木屋组成的村庄环绕着深井，这表明人们整年都在那里居住。土壤中残留的有机物表明，那里的居民当时在食用各种野生植物，包括谷物、豆类、块茎和水果。几个世纪之后，考古记录中出现了山羊和绵羊。显然，这个地方秩序井然，群体遵守规则，否则它永远不会发展壮大。简而言之，文明开始了。之后就发生了灾难性事件。

大约7 500年前，这一地区遭遇了严重的干旱天气，湖泊逐渐缩小，沙漠开始蚕食土地，后来该地区遭到遗弃。1 000年后，当降雨再次出现时，人类也随之出现，但他们与先人明显不同。他们举行了精心准备的仪式，比如献祭牛类，然后把它们埋在涂有黏土防渗层的坑室内，再用盖有石头的土堆做标记。这一点意义重大，因为杀死一只本可以为该群体提供食物来源的动物，显然不是一件轻易进行的小事。即使在今天，非洲的牧民仍然尊崇他们的牛。牛作为牛奶的提供者，只能在标记群体生活中发生的重大转折时才能被屠宰，这种做法被称为"非洲牛情结"。因此，说回到纳布塔-普拉亚，动物祭祀这种行为一定提供了一些似乎高于基本日常生存的东西。换句话说，这是一种宗教行为。

除了祭品，这里的居民还竖起了巨石，这些巨石像车轮上的辐条那样在中心点周边排列出5条线。他们还建造了一个由近40块石头组成的4米宽的石圈，有些石头是扁平的，都快被埋没了，另外一些则直立着，就像是在沙漠中伸出了锯齿。

纳布塔-普拉亚遗址是美国人类学家弗雷德·温多夫于1974年无意中发现的。据说，在漫长而艰苦的穿越沙漠行程中，温多夫和同事们随意停下来歇息，在放松休息的过程中，他们注意到沙堆里散落着的陶器碎片和其他一些人工制品。

在接下来的10年时间中，这些学者们一次又一次地回到纳布塔-普拉亚发掘遗址，并勾勒出这里的生活图景。这幅画面的关键是他们认为这个地方是一个区域性的仪式中心。被献祭的牛的骨骼化石是这一观点的基石，石圈的发现也是如此，温多夫称之为历法圈。他不得不靠想象来还原它本来的样子，因为很多石块都破碎或者倒塌了，但他在重构过程中非常确定地宣称，这些石块形成了一些天文排列。

他对着石圈中 4 对比较大的石头，把每对石头之间的狭窄缝隙称为一扇大门。他解释说，穿过其中两扇大门的直线指向"正南正北"，另外两对石头的大门指向正北以东约 70°，他判定这是计算出来的 6 000 年前仲夏节那天日出的方位。[14] 这一看法与附近发现的用作祭祀的牛联系起来，表明宗教习俗与观测星辰之间也许存在着某种古老的联系。

纳布塔-普拉亚石头圆圈是世上最古老的石圈之一，在接下来的几千年里，建造这类场所的冲动以令人难以置信的速度蔓延开来，直到今天仍保留有数千个这样的圆圈类场所——也称为圆形石构造。它们由泥土、木头和石块组成，尺寸上差别很大，当然也是出于不同的原因而建造的。然而，最能够吸引我们注意力的还是那些像纳布塔-普拉亚石头圆圈这样看起来与天体或者天文事件相关联的石圈，其中最著名的就是英国的"巨石阵"。[15]

解密巨石阵

巨石阵位于英国威尔特郡，无论以什么标准衡量，它都是一个非同寻常的所在。巨石阵已成为石器时代文化的象征，每年大约有 100 万名游客前去参观。今天看到的石碑可以追溯至公元前 2500 年左右，但遗址本身的历史则要长很多，可以追溯至公元前 8000 年左右，大致与努比亚人在纳布塔-普拉亚发现湖泊是同一个时间。考古遗迹显示，有一个族群居住在布里克米德，那是距离遗址约 1 英里①的泉水之地。布里克米德的居民可能负责建造第一处石碑，用三根大木柱排成直线，每根木柱直径约 0.75 米。他们把这些木柱放在靠近著名的石头圆圈的位置，并将它们东西向对齐。考虑到星星每晚从东方升起在西方落下的循环周期，这些人看起来很可能是给天空赋予了某种意义。

大约在公元前 4000 年，该地区的人们开始建造被称为堤道围挡的同心圆形沟渠，研究人员在这些沟渠中发现了陶器和人类遗骸，这表明它们可能是墓地。其他类型的公共墓地——被称为长冢——也在附近被发现，年代为同一时期。

大约 1 000 年的时间过去，遗址中央开始了初期的工程，其中包括一个圆形的堤岸和沟渠，里面以类似的圆形挖了 56 个 1 米宽的白垩坑。坑中发现了 63 具人体的火化遗骸，而且有证据表明一些立石被用于标记墓地。这些石头现在仍留存在现场，但不再用于标示白垩坑墓冢，而是被称为青石，是从 150 英里外的北威尔士普雷斯利山运来用在巨石阵的一种特殊形态的岩石。这些岩石被用作墓穴标志时形成了这个石圈，是这个遗址的第一处石碑。尽管从考古遗迹中尚不清楚这些东西的确切用途，但石圈中心很可能还包含木制结构。

后来，大约在公元前 2500 年，我们现知的巨石阵开始初具雏形，构建标志性石圈的砂岩巨石被运抵这里，这些巨石可能是借机从遗址周围由于风化暴露的白垩丘陵区采集的，也可能是专门从北面大约 25 英里的莫尔伯勒丘陵区开采的。毋庸置疑的是，运

---

① 1 英里约等于 1 609 米。——编者注

输和竖立起如此庞大的巨石非常困难，每块巨石重约 25 吨，宽约 2.1 米，高约 4.1 米，远远超过一个人的身高。

今天大约有 30 块砂岩巨石仍然矗立着，基本能够标出一个直径约 33 米的残缺的圆圈。这足以令人叹为观止，但更令人震惊的是稳坐于巨石顶上的过梁，今天，外圈中仍有 6 个过梁待在原处。

每对直立的巨石和被它们撑起的过梁被起名为"巨石牌坊"。5 组这样的巨石牌坊构成了一个内马蹄形，有 3 组现在仍然矗立着，尽管其中一组是在 18 世纪过梁掉落之后被重新竖立起来的。那些倾覆的巨石牌坊里，有一组被移放在中心的"祭坛石"上。

在巨大的砂岩石块中，我们发现了用于建造最早的石圈的青石。它们大部分都已经翻倒或破损，但是因为被挪动过以体现新的设计，所以在砂岩巨石和巨石牌坊之间构成了一个同心圆，在巨石牌坊和祭坛石之间构成了一个内马蹄形。

石圈周围是另外 5 块砂岩巨石，其中 4 块标出了围住石圈的一个长方形区域的四角，被称为定位石，第五块是踵石，位于石圈的东北方向，正好是巨石牌坊马蹄图形的开口方向。尤其引起人们对巨石阵的注意的就是这块踵石，因为在仲夏日的黎明时分，人站在石圈里面时，可以看到太阳升起的位置非常接近踵石所在的位置，但并不是位于它之上。这个错位可以用它旁边曾经有过的一块伴石来解释，仲夏日的太阳会从两块石头之间的空隙处——大门——升起。

仲夏日是一年当中白天最长的一天，北半球的仲夏日出现在 6 月 21 日左右，也称为夏至日。由于地球自转轴的倾斜程度和地球在绕太阳公转轨道上所处的位置的共同影响，一年当中每个白天的长度都是变化的。无论地球处于轨道上的什么位置，地轴总是指向同一个方向。在北半球的夏季月份里，地轴的北面向着太阳的方向倾斜，随着太阳在空中越升越高，白天就变得越来越长。6个月以后，当地球位于轨道另一侧时，地轴的北面指向远离太阳的方向，这就是北半球的冬季，在这期间太阳从来不会升得很高，白天也会变短。

随着季节的更迭，太阳在地平线上升起和落下的方位点也会发生变化。在夏季，太阳从东北方向升起，在西北方向落下，这使它可以沿着一条更长、更高的路径横跨天空。在冬季，日出点和日落点分别移动到了东南和西南方向，太阳便不会升得那么高了。

至点这个名字来自拉丁语，意思是太阳在空中静止的那个点。夏至那天，太阳将升至它在天空中所能达到的最高点，这会是最长的一个白天。这天之后，太阳便不会升得那么高，6个月后会出现最短的一个白天。在北半球，冬至出现在12月21日左右，太阳的正午高度在这天会到达最低点，之后的6个月每天都会在空中爬升得高一点。

巨石阵与夏至的对应关系在1720年首先引起英国古文物研究者威廉·斯蒂克利的"超前"关注。在科学革命伊始就投入工作的斯蒂克利（他曾是艾萨克·牛顿的早期传记作者），激发起人们对一个观点的兴趣，即这个巨大的历史遗迹不只是一个举行仪式的场所，还是一个天文台。出生于英国的天文学家杰拉尔德·霍金斯在20世纪60年代使用当时最新发明的IBM（International Business Machines Corporation，国际商业机器公司）大型计算机检查巨石阵所有不同的视线方向与其他天体的对应关系，从而把对巨石阵的这种理解推向了高潮。他用巨石阵模型和一年中太阳和月亮的运动变化信息为机器编程，计算机运行这一程序时给出了几十个有相互关联的结果。通过对这些结果的仔细分析，霍金斯认为，最初的 56 个白垩坑可以被用来通过从一个洞到另一个洞之间移动标记的方式预测月食。他的研究成果于 1963 年首次发表在声誉卓著的《自然》杂志上，[16] 然后他又于 1965 年在一本名为《解密巨石阵》(Stonehenge Decoded) 的书中做了更全面的介绍。[17] 几乎可以肯定的是，受到了他是使用了一台计算机才找出这些对应关系这件事情的启发，他提出巨石阵本身可以被看作一台新石器时代的天文计算机。他的这个结论得到了其他天文学家的支持，也包括非常著名的辩论家弗雷德·霍伊尔爵士。

　　来自考古学家的批评尖锐而直接，他们认为，霍金斯检查的视准线数量那么多，必然能碰巧发现一些对应关系。几个世纪以来，一些真正的学者和热情的业余爱好者都针对巨石阵提出了各种可能的解释。在中世纪，有人认为是传说中的巫师默林将其用于魔法的目的，而巨石阵是由一个巨人建造的。在更加现代的时期，人们提出了各种各样的观点，认为竖立起这些石头是为了创建一个声波"实验室"，或者作为生育的象征再现女性生殖器的形状，又或者（大概不可避免地）作为不明飞行物的着陆平台。1967 年，当关于巨石阵是否为古代天文台的争论达到高潮时，英国考古学家雅克塔·霍克斯终于受够了。她轻蔑地写道："每个时代都会获得它应得的或想要的巨石阵。"[18]

　　近来，考古学家为了避免将自己的意愿或现代思维方式强加在那些解释上，在缺乏文字证据的情况下，他们查看周围的景观和结构，寻找支持他们假设的证据。在巨石阵这个例子中，这种做法提供了一些引人入胜的见解。

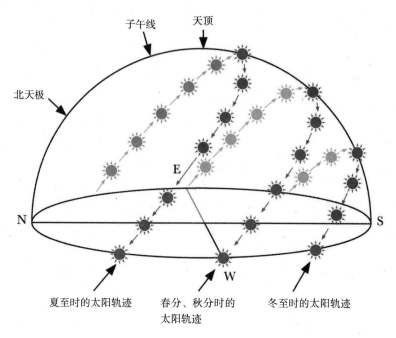

图2-2 在夏季，太阳在天空中依循的路径比冬季时的更长、更高

邻近地区现在被统称为巨石阵世界遗产，占地 26.6 平方千米，内有 700 多个考古遗址和古碑，其中一半以上是古墓。所以该遗址显然是一个重要的墓葬区。不过，巨石阵有意要与二至点对齐，这一点也毫无疑问。

2013 年，负责巨石阵河畔项目的迈克·帕克·皮尔逊教授宣布了对所谓的巨石阵大道进行挖掘的结果。[19] 这里的地形由两个相距约 12 米的平行河岸和沟渠构成，它们越过踵石沿着夏至那天日出的方向延伸 1.5 千米。皮尔逊发现，在巨石阵大道下面是一些天然形成的垄坎，由上一个冰河时期末期（约公元前 9700 年）的融水冲刷而成。这里的水域延伸的方向恰巧与夏至日出的方向一致，

给仰望者的星空史

这可能就是史前人类将巨石阵发展为圣地的原因。

不管它为什么会出现在这个地方，有一点似乎可以确定，这个非同寻常的区域是一个举行仪式和祭奠亡灵的地方，并以某种方式与天体发生关联。它与纳布塔-普拉亚石头圆圈一样，给人以宗教的感觉。然而，如果没有文字记录，就总是给不确定性留下了空间。

众神创造的世界

要寻找最早的文字，我们得向东看。公元前5500年到公元前4000年之间，第一批城市在人们称为肥沃新月的地区诞生了。这片弯曲的土地从波斯湾开始，沿着幼发拉底河和底格里斯河一直延伸到地中海，然后在西海岸沿着黎凡特直到与非洲接壤，再从那里溯至尼罗河。

这些河谷非常肥沃，因为每年那里的洪水退去后，河流两岸都会留下营养丰富的土壤，自然可以种植出农作物。在照管这些肥沃资源的过程中，人们永久地定居了下来。随着他们越来越善于种植庄稼和促进庄稼生长，农业发展了起来，这使人们对土地有了一定的控制权。人们定居的永久性使他们演变出复杂的社会结构，我们现在认为这是都市文明的雏形。

在这片肥沃新月地带，有几个地方是彼此独立发展的，其中最重要的是苏美尔。苏美尔人生活在幼发拉底河和底格里斯河流域之间的美索不达米亚地区（今天的伊拉克南部），是最早创造文字的人。从他们楔形文字的三角形符号中，我们发现了最早的宗教内容，它们与夜空有着千丝万缕的联系。

早在公元前 2600 年，苏美尔抄书吏就把凯什神庙的赞美诗写在了黏土版上。写有全部 134 行赞美诗的泥版，没有一块完整地幸存下来，因此我们现代的翻译范本源自从苏美尔其他遗址的不同泥版上拼凑而成的内容，这些泥版文书的年代跨越了 800 年的时间。文稿的重叠部分具有高度的一致性，说明这是一部重要的作品，所以才会在近千年的时间里几乎一字不差地被抄录下来。

首先，赞美诗对凯什这个城市及其高大的神庙给予大量赞美，把它比作天空中的月亮——无边黑暗中一盏指路的明灯。这意味着这个庙宇是上至天堂、下达地狱的一种尘世联结，赞美诗还指出，苏美尔教的主神恩利勒指定凯什神庙为创造世界过程中的神授之所。接着，赞美诗夸耀神庙拥有对牲畜（巨大财富的象征）的所有权，并最后加上了更多关于创造世界和神庙如何伟大的幕后故事。诗中第 125 行甚至问道："还有谁能够创造出像凯什神庙这样伟大的东西吗？"

随着赞美诗被争相传抄，这个故事也在不停地被毫无疑问地重复，颂称凯什神庙是上帝子民的专门场所。人们认为神庙本身是用来夜观天象并思考其深意的最特殊的地方。这座城市被说成本身就是上帝选来连接天堂（夜空）之所在，在这里我们能看到在狩猎采集社会的秘密团体身上显而易见的特性——那种自我膨胀。[20] 这招确实有效。凯什城获得了极高的社会地位，吸引了来自四面八方的居民。管理这座神庙的人变得富有而强大，因为他们的机构拥有大片种植农作物的土地。他们发放贷款，雇用居民，并把神庙当成了一种贸易方面的清算所。

最意味深长的是，一个与夜空相关联的创世神话，与赞美诗炫耀的自我宣传盘根错节地交织在一起。周边的宇宙被明确地标记为神圣的领域，与地球相关联但又与地球完全不同。据说，恩利勒在创造我们的世界时，已经把它与天堂分隔开来。这样一来，他让地球适合人类居住，并宣称地球属于他自己。女神安（An）则占据了天空，但只有恩利勒独自维护着两界之间的联系或"系泊缆"，因为他是空气，而天地之间的恒星和行星就是从空气中产生的。

显然，公元前第三个千年时期的宗教发展得相当不错，它们充满了复杂性和微妙性，并且传播广泛，这说明它们不是新的发明。这些信仰在被文字记录抓取的同时逐渐演变成实体宗教。我们之所以知道这一点，是因为在随后的数百年甚至数千年中，像亚述、阿卡得和巴比伦等王国均在这一地区兴衰起伏，每一个王国都承袭了另一个王国的宗教。比如在巴比伦，恩利勒的神力就与马尔杜克神密不可分。

然而，这些不同的变化主要体现在表面上，美索不达米亚信仰的基石是保持不变的：众神通过创造世界和其中的一切（包括我们人类），从混乱中建立秩序，然后在自然中体现自身的存在。这至关重要，因为这意味着当风吹拂而来或者发生日月食的时候，可以将其归因于背后的神意。

从这个角度来看，苏美尔宗教以及由它产生的其他美索不达米亚文化都是对我们可以称之为"科学"的早期尝试。今天，我们经常把科学和宗教描绘成截然相反的样子，然而在苏美尔这里，宗教发端于一种试图理解自然界中万物之源的渴望。这是与超自然的生灵创造了宇宙这一假设均衡一致的理性思考过程，人们通过研究这个宇宙来洞悉神灵。

星星和季节给出的暗示是，天与地是两个"镜界"，一个由神居住，另一个由人居住——既相像又迥然不同。两界被一道人类无法逾越的鸿沟隔开。但在同一时期蓬勃发展的古埃及文明中，人们的想法开始有所变化。

法老亡灵的安息地

大约公元前 3100 年，古埃及文明开始在尼罗河流域扎根。他们最初的著述可以追溯到这个时期，其中包括了将夜空与神之家园联系起来的宗教内容。他们最早对夜空的描述是一只展翅翱翔的巨大的猎鹰横跨夜空。鹰的眼睛是太阳和月亮，胸部和腹部的白色斑点是星星，地上的风则是它扇动翅膀时产生的。在与天空紧密相关的埃及神灵中，何露斯神就经常被描绘成一个长着鹰头的人。

埃及人还想象了一些天文现象，比如白昼和黑夜产生的原因。据说太阳神拉（Ra）白天乘坐一艘天上的大船穿越天空，然后转至第二艘大船上，在夜间隐蔽地从地下世界穿行而过，在第二天清晨前及时回到天空的另一边，乘坐天上的大船开启又一次的航行。

埃及人有太多与夜空相关联的宗教故事，以至于有时二者之间是相互矛盾的。例如，古埃及最重要的天神之一是努特，作为天空女神，她有时被描画成一头神圣的母牛，有时则被描绘成一个裸体的女人。她在这两个化身中都是头朝西横跨天空。沿着努特的腹部出现的不再是鹰身上的白色斑点，而是星星，拉在日间乘坐的驳船横穿她的躯干。根据这种解释，努特在日落时分"吞下"拉，然后拉在夜间穿越她的身体返回，她又在日出时分于东方"生下"他。

虽然所有这些本质上都是对苏美尔人思想的重新包装，但埃及人确实做出了一个一直延续至今的重大改变，他们相信夜空是法老亡灵的最后安息地。

在苏美尔，夜空被认为是神的专属领域，而地球则是人类的居所，就连国王也不过是个凡人。然而，根据埃及人的想法，法老是众神的人类化身，所以死后可以升入星空。这在普通人类和星空中的来世之间建立了一种联系，这是每个人的天上乐园或"天堂"概念的前身。

相信有来世这一观念深深地根植于埃及人的心中，他们围绕这一信仰杜撰了一系列令人意想不到的观点、故事、象征和仪式。起初，这么做是为了拯救埋葬在越来越精致的金字塔里的那些法老，令他们永生。

其中最著名的是吉萨的三座大型金字塔，它们的建造开始于公元前 2550 年左右，当时胡夫将此处选作他最后的安息地。胡夫金字塔花了 20 年才建成，底部四边各延伸 230 米，塔顶的高度超过 146 米，是三大陵墓中最大的，在其后的近 4 000 年当中一直是世界上最高的人造建筑。直到 1092 年，才完败于高达 160 米的位于英格兰的林肯大教堂。

已经有很多著述论及金字塔以及它们与夜空的假想排列，在所有这些看法中，唯一一个无可辩驳的事实是，这三座大型金字塔的方形基座精准地排列在正南正北和正东正西的方向上，在遗址上发现的著名的狮身人面像也正对着东方。也就是说，在春分那天，大概是每年的 3 月 21 日，太阳会从它的头顶升起。长期以来，关于埃及人如何如此精确地定出这些建筑的朝向这一问题，一直存在争论。

今天，如果我们想建造一个正南正北的东西，而手边又没有指南针，我们就会把它的位置跟北极星正对齐，这颗还算明亮的恒星非常靠近地球北极在天空上的投影。当夜幕降临，地球绕着地轴旋转时，北极星似乎静止不动，而所有其他星星都围绕着它旋转。

然而，远在公元前第三个千年的古埃及，北天极距离北极星非常遥远，这是因为地球像一个非常缓慢旋转的陀螺那样摇摆运动，这种现象被称为岁差。地球自转轴完成一整圈的变化需要25 772 年。在公元前 3000 年前后，天龙座中一颗名为紫微右垣的暗星距离北天极最近，它的亮度只有北极星的五分之一。有人认为埃及人的视准线是从这里开始的，这在他们那未经污染的暗黑夜空中是极有可能的。

然而，在 2000 年，英国剑桥大学的考古学家凯特·斯彭斯在电脑上观察金字塔建造者在他们头顶上曾看到的夜空方向，两颗还算明亮的星星——大熊座的开阳星（北斗七星之一）和小熊座的帝星——向她跳扑而来。这两颗恒星与北天极的距离几乎完全相同，随着夜色渐深，它们绕着北天极旋转，就像两只猫互相纠缠在一起打斗。在古埃及人的时代，这两颗恒星之间假想的连线总是会经过北天极。[21]

要把它转换成天文上的垂线，需要做的就是等待这两颗恒星的排列呈现出从地平线向上竖直样子的那一刻。由于地球的自转，这一刻每个夜晚都会发生。也就是说，斯彭斯认为天文学家对金字塔的视准线进行了夜间的查对。这个假设被媒体广泛报道，也在埃及考古学家及其他学者之间引起了激烈的争论。

　　　　　　　　　　　　　　给仰望者的星空史

尽管如此，由于金字塔的建造者没有留下任何有关他们的建造和校准方法的文字记录，我们仍难以确定金字塔与夜空之间是否真的存在联系。然而，当我们对其他一些金字塔的内部进行考察时，情况就大不相同了。

　　从吉萨向南不到 20 千米就是另一个金字塔群——萨卡拉（Saqqara），它们尽管没有吉萨的金字塔那么高，但出于其他原因而令人瞩目。1881 年，法国埃及学家加斯顿·马伯乐正对该处遗址进行勘查，好像有什么东西把他吸引到已遭毁坏的乌纳斯金字塔，马伯乐找到了进去的路，而其他人只是检查了外面。他穿过蜿蜒黑暗的走廊，直至发现墓室，一个由抛光的玄武岩制成的美丽的黑色石棺停放在刻有星星的拱形天花板下。不过，真正引起他注意的是那些从地板到天花板都覆盖有象形文字的墙壁。

　　当这些象形文字被全部翻译出来之后，考古学家们读到的是，在能够升入天界并加入拉的来生队伍之前，乌纳斯的灵魂不得不经历整个冥界的艰险旅程。这相当于写给刚去世的法老的一本使用手册，他永恒的灵魂会升起，阅读这份手册，然后踏上他的永生之旅。

　　后来，考古学家在勘查其他金字塔时发现了更多这样的"金字塔文本"，不过乌纳斯的墓地是已知最古老的，大约可追溯至公元前 2320 年。他们说，已故国王的最终命运是加入北方天空的"不朽之星"行列，人们通常认为这是指最靠近北天极的恒星，它们全年可见、永不下落，也就是所谓的拱极星。

　　虽然国王最终会归于群星，但普通民众的命运就远没有那么光彩夺目了。他们死后不会升天，而是在一个阴暗的地下世界或一个被称为"芦苇田"的神秘富饶的土地上度过接下来的日子，在那里继续他们在尘世那样的生活。但法老和普罗大众在命运上的这种差异会在古埃及时期开始逐渐消失。

被称为"古王国"的古埃及社会稳定，它的伟大的金字塔时代在公元前2180年左右结束。崩溃前夕，地方政府官员开始敛财抓权，这些人被称为"省长"（nomarch），他们把政府管理职务转为世袭职务，使他们家族后代的影响力和地位都得到进一步加强和提升，并开始对法老本人施加更多的影响，当时的法老是佩皮二世。

显然，佩皮二世没有足够强大的力量约束他的省长，这些省长彼此陷入了分歧和战乱，这一混乱时期持续了125年，当这一时期结束时出现了两个彼此对立的王朝，双方为了争夺对整个埃及的控制权而大打出手。一位名叫门图霍特普二世的领袖在战争中取得了胜利，成为中王国时代的第一位法老，这场动乱对普通埃及人对法老的看法产生了深远的影响，人们不再认为法老是神圣和绝对正确的。所有这些战斗都证明了一点，这个位置显然是夺来的，也就是说，身为法老的全部特权——包括在天堂中的一个位置——都是触手可及的。

天界的审判与尘世的革命

大约在公元前2100年，星表被刻在木制棺材盖上。到了公元前2000年，也就是门图霍特普二世重新统一埃及约50年后，与金字塔文本相类似的文字开始出现在更为普通的墓地中。顾名思义，棺木铭文显然是用来引导普罗大众与神一起去实现他们的天命，后来发展成广为人知的《亡灵书》。这是一套在埃及新王国时期广泛运用的丧葬礼仪，大约始于公元前 1550 年。在《亡灵书》中，灵魂的最终归宿由一系列咒语设定，这是一个刚刚死去的人必须遵从的。但这里有一个陷阱，即并不是每一个人都有机会进入天界。

第 125 条咒语描述的是"称量心脏"的仪式，这是历史上第一次述及在人死后由神来判断这个人的灵魂是否能在天堂赢得一席之位。古埃及人的地狱被称为冥界，新近死去的人被木乃伊化并被来世之神阿努比斯带到那里。死者必须在冥界之神奥西里斯面前，证明自己在生活中没有犯下遭到禁止的罪恶，有些罪恶令人发指，有些则难以避免。这些罪恶包括抢劫、谋杀、巫术、通奸、放荡、诽谤、诅咒、偷听和提高嗓门。

为了验证死者的陈述是否准确，神会将死者的心脏放在一组天平上与代表真理、平衡、法律和道德的玛阿特女神的化身——鸵鸟羽毛——进行重量对比。如果心脏受到罪恶的重压，比羽毛还重，一种叫作阿米特的令人闻风丧胆的生物（一部分是狮子，一部分是河马，一部分是鳄鱼）就会把心脏吃掉，这也就注定死者会永远慌张不安地在冥界游荡。

如果心脏的重量没有超过羽毛的重量，那么死者就可以加入拉神，成为天界驳船船员的一分子。那些值得尊敬的灵魂在"芦苇田"中占有一席之地，在神话版本中，天堂般的来世与夜空的联系更加紧密了。"芦苇田"的居民可以被召唤到天界去保卫拉神不受黑暗势力侵扰，这成为故事的一部分。通过这种方式，天界的来世被民主化了，尽管不是每个人都能进入。[22] 这个故事还表明了"大神"或教化之神的产生，这些神在我们死后对我们进行审判，并决定我们是否在天堂中领有一席之地。在这个故事中，有着比简单的天堂概念更加清晰的与夜空的联系。

玛阿特还是管理着繁星和地球季节的女神，她把神主持创造的行为人格化了。是巧合还是有意为之，我们无从知晓，但死者的命运与季节之间的宗教联系似乎在映照巨石阵的做法，他们一边尊崇死者，一边跟踪记录季节的更替。古代的人们是这样看待死亡的吗：一个季节的流逝——一种状态转变成另一种状态？显然这是可能的，而且这也给了我们另外一个继续在夜空中寻找生命意义的理由。

加拿大不列颠哥伦比亚大学心理学家阿拉·洛伦萨扬认为，对审判之神的信仰不是偶然出现的。一个成长中的文明需要为了共同利益携手合作，而这种信仰正是促进合作的一种手段。合作的动机非常明确：今生守规则，来世得回报。[23]

但首先是什么触发了文明的诞生？按照传统思想，农业是催化剂。人们不再成群结队地在土地上四处游荡，沿途捕猎野兽，或者把牛群从一个牧场赶到另一个牧场，他们反而定居下来并种植庄稼。在埃及，这一变化得益于尼罗河每年的洪水，是洪水给沿河两岸带来了肥沃的土壤。越来越多的人生活在一起，最后形成了第一批城市，伴随着这一变化，诞生了秩序之神玛阿特、审判之神等，旨在维护人与人之间的和谐。

向农业的转变被称为新石器革命，这是澳大利亚考古学家维尔·戈登·柴尔德在 1924 年创造的一个术语。[24] 事实上，这种转变是在几个世纪的时间里逐渐发生的，而不是像"革命"一词所指的那样迅猛。多年来，学者们提出了农业兴起的许多原因，他们关注的重点往往是自然气候变化。柴尔德本人赞同一种假设，即土地变得越来越干燥，越来越不宜居，从而迫使人们在绿洲和河流周围共同生活。还有一个类似的观点认为，气候变暖导致野生动物的大规模灭绝与人们从狩猎转向农作物种植管理有关。在所有这些情况下，人类都是被超出他们控制的一些力量所驱使，不得不调整生存策略，否则就会死亡。然而，最近发现于土耳其的一处考古遗址却展示出一些完全不同的东西。

走向定居的文明

位于土耳其东南部的哥贝克力石阵，是在 20 世纪 60 年代对该地区进行的一次勘测中首次得到关注的，但直到 20 世纪 90 年代中期该遗址的发掘工作才开始。在德国考古研究所的克劳斯·施密特的带领下，学者们开始揭秘这个非同寻常的遗址。遗址可以追溯至公元前 9500 年至公元前 9000 年，是世界上最古老的纪念性建筑，建于拉斯科洞穴壁画之后约 8 000 年，比肥沃新月建立第一批城市早 5 000 年左右。

哥贝克力石阵至少由 20 个圆形结构组成，其中最大的直径约为 30 米，每个圆形结构都被约 2 米高的巨大 T 形石柱所连接。迄今为止，只发现了少数几个石圈，与用来建造巨石阵粗糙开凿的砂岩漂砾石不同，这些石柱上雕刻着精美的动物图案，多是一些凶猛而愤怒的形象。在每个石圈的中心，立有两块更大的巨石，高达 4 米，直冲天空。

米兰理工大学的朱利奥·马格利对哥贝克力石阵的夜空在神庙建筑者的眼中是什么样子进行了调查研究，这也是现在的一个惯常做法。他突然想到一件事。

天狼星是夜空中最亮的星星，一般认为只有太阳、月亮、金星和木星比它更耀眼夺目。即使在今天遭受光污染的天空中，它也是一盏不会被弄错的指路明灯。然而在史前的土耳其地区，它并不总是可以看到的。以 25 772 年为周期的岁差导致天空中北天极的位置发生变化，这使恒星升起和落下的时间有所不同。在这个周期的某些阶段，有些恒星甚至会从人类的视野中消失不见，然后又在几百年或几千年后再次出现。天狼星就是这样一颗恒星。引起马格利注意的是，这颗恒星于公元前 9300 年左右在土耳其东南部的天空重新出现，而这正好处于神庙建造期间。

他认为，天狼星在天空中的重新出现彻底激发了人们的想象力，致使他们建立神庙来追踪这颗恒星在夜空中的"诞生"。此外他还认为，正是为了追踪天狼星，这里才建起了不止一个石圈。几百年过去，天狼星在地平线的不同位置升起，所以那些来到这个地方的人会定期建立一个新的石圈来追踪这颗恒星的移动轨迹。在目前发掘出的石圈中，有三个好像正好对着公元前 9100 年、公元前 8750 年和公元前 8300 年天狼星升起来的位置。[25]

今天，这里看上去是一片贫瘠的沙漠，但是回溯到它的建造之初，这里却是郁郁葱葱、生机盎然，满眼望去，几乎到处都是植物、野生小麦和在吃草的动物。表面上看，这是一个宜居的上乘地段，但考古证据讲述的却是一个不同的故事：那些石圈是这个地方最早的建筑。在那之前，没有定居点，也不存在一个建造了一个便利的敬神场所的城市。我们在遗址散落的动物骨头中能够找到这种解释的有力证据。

比利时考古学家乔里斯·彼得斯通过研究哥贝克力石阵超过100 000 块的骨骼碎片发现，许多骨骼碎片都显示出这些动物有被猎杀、屠宰和烹饪的迹象，不过最重要的发现是，这些动物都是野生物种。根据彼得斯的说法，这似乎说明，狩猎采集者建造这个地方的唯一目的是进行宗教礼拜，而不是在此定居。[26]

哥贝克力石阵最初可能是游牧民族之间一年一度聚会的地点，自从天狼星出现在地平线上，这一聚会就变得越来越重要。当然，建造每个石圈需要投入的时间和精力是相当多的，单是每根石柱就重达 10 吨。尽管这些石头是从附近的悬崖上开凿的，但将这些石头运至每一石圈并立直竖起，还需要数百人。由于需要很多人长期驻留现场，这里可能会发展成半永久性的营地，最后变成了现在考古学家在遗址周围发现的定居点。

这颠覆了一个观点，即城市生活和文明带来了建造那些与简单生存无关的仪式场所所需要的闲暇。事实上，这表明，在这里修建一个可能专门针对夜空的仪式场所是城市定居的催化剂之一，因为它可以吸引人们来到这个地区。实际上，施密特在 2014 年去世之前得出结论，哥贝克力石阵是一个避难场所。如果这一点属实，那么结论是令人震惊的：我们原初对夜空的着迷，以及对它能够回答我们关于"存在"问题的希望，帮助我们走向了文明本身。

03

历法和星座

农业时代

虽然我们无法确定农业是定居生活的原因还是结果，但农作物种植完全改变了我们人类，这一点是毫无疑问的。法国人类学家让－皮埃尔·博凯－阿佩尔研究了 133 个跨越新石器革命时期的古墓中的人类遗骸，并得出结论认为：当时正值人口激增。[27] 这句话的意思是，通过驯化农作物，这些人确实获得了更多的食物，养活了自己。人类开始在一定程度上掌控周围环境，而不再以狩猎和采集为生四处游荡寻找机会。

　　然而，有一个因素是他们无法控制的，那就是天气。农业伴随着一个固有的风险：恶劣的气候可能会毁掉全部作物。早期的农民与狩猎采集的先辈不同，他们只固定地待在一个地点，每年都要赌一把，看看是否能够保住他们所种植的农作物，并想方设法让它们结出果实。故此，农业重新界定了我们与自然的关系，并有助于推动对夜空及其与地球可能的关系进行更深入的评估。

　　正如我们所看到的，形形色色的圆形石构造和其他史前遗址都具有双重作用，既可以用作敬奉神明之所，也可以用作观看天象之处。新石器革命过后，敬奉发展为崇拜，然后形成宗教。同样，随着历法的出现，二至日举行的仪式也发展为成熟的计时体系。不过二者的曲折发展是密不可分的。为了与万物有灵论（天地以一种精神的方式相关联）的观点保持一致，历法最初是因宗教而发展起来的。

苏美尔人的月亮

考古记录发现的第一个正规历法来自公元前第二个千年的苏美尔，当时称之为舒尔吉的乌玛历，这位名为舒尔吉的苏美尔国王居住在位于现代伊拉克的乌尔城邦。正如前一章所述，苏美尔人认为神通过在混乱中创造秩序来塑造地球和周边万象。根据这个传说，众神将被杀之神的血与黏土混合在一起创造了人类，他们这么做是为了让人类能够在地球上完成神的工作，众神对自己做的这些工作已经感到厌倦。因此，把工作托付给人类，众神就可以化身为各种天上的物体和自然的力量，过着悠闲的生活。

鉴于苏美尔人的这种基本信仰，对自然的观察就变成了对神界秩序的思量。记录地球季节的不同，一年中星座的变化，以及其他天体的来来往往，就是要了解神的意志。这些来来往往之中的规律性意味着，通过创建一部历法，苏美尔人正在领悟神的宏伟设计。历法等效于一部圣书。

苏美尔人的历法以月球为基础。在日落之后的西方地平线上第一次看到细长的月牙儿即可确定新的一月。舒尔吉王在乌尔建造了巨大的塔庙，以便祭司可以从高架平台的顶部探察到这一天象。此外，这座巨大的石头建筑建有陡峭的墙壁和延伸的楼梯，是他执政的权力宝座，也是苏美尔人的月亮女神娜娜的神殿。

到公元前7世纪新巴比伦王国掌权时，历法的起源被郑重其事地载入一个被称为《埃努玛·埃利什》（*Enûma Eliš*）的创世神话中。这个创世神话大量借鉴了早期苏美尔版本的内容，讲述了马尔杜克神如何创造宇宙秩序，并安排自己统治天堂，让巴比伦国王作为他的代理留在地球上。据说马尔杜克在构建这一宇宙秩序的过程中，把月亮安放到天空，以便于利用月相来测量出时间的流逝。

由于月相变化具有周期性，所以月亮其实是一个极好的细分一年时间的出发点。在29.53天的运行过程中，它从看上去空空如也的新月逐渐变成充盈的满月，再逐渐退回到新月，然后再开始新一轮循环。月相的变化源于月球绕地球的轨道运动，月亮本身不发光，而只是反射太阳光。在月球绕地球运行时，当从我们的视角看，到它相对于太阳的角度发生改变的时候，我们就可以看到它更大面积的被照亮的部分。在满月时，它处于与太阳相反的方向，所以我们就会看到一个完全被照亮的半球。当月亮与太阳处于同一方向时，就是新月。在这个位置上，太阳的强光淹没了我们看向月亮的视线。即使我们能看到它，也只是一张黑暗的面孔，因为此时月亮朝向我们的那个半球处于阴影当中。

月份代表月球上的一个昼夜循环。地球每24小时绕轴自转一次，而月球沿轨道绕地球一圈自己才绕轴自转一次。虽然并非总是这样，但地球将月球维持在公转轨道上的引力，同时也限制了月球可以自转得更快的能力。月球绕地球转一圈只能自转一次，这就能够解释月球为什么总是展现给地球同一张面孔。所以，月相变化代表着月球上的一种昼夜循环周期。在月球上从黎明到中午需要7个地球日，之后到日落也差不多需要这么长的时间，然后就是长达两周的夜晚。

虽然基于月亮的历法（阴历）是非常好的起点，但并不理想。

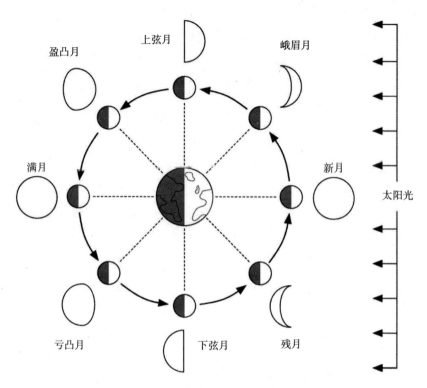

图 3-1 月相变化是由一个月中月球在地球轨道上的不同位置引起的

问题在于，12 个阴历的月份（阴历月）只相当于 354.36 天，比一整年少了大约 10 天。也就是说，把 12 个阴历月定为一年与季节变化不同步，因为季节是按照地球相对于太阳的位置确定的，地球需要整整 365.25 天才能完成一次绕太阳的公转。鉴于此，从大约 16 世纪开始，纯粹的阴历逐渐不再用于计年，而是继续用于宗教活动的设定。直到现在，伊斯兰社会仍在使用纯粹的阴历来确定宗教仪式的日期，包括斋月、禁食月和朝觐，也就是一年一度的麦加朝觐。结果，每年的仪式总会比前一年提前十天开始。

为了使阴历与年份协调一致，需要采取闰月系统，这种做法被称为阴阳合历。这套历法体系的缺点就是年份的长度变化不定。通常情况下，每两年的 12 个阴历月之后，就会有一年是 13 个阴历月以弥补时间上的差额，使历法与季节重新同步。今天仍在使用的犹太教历就是阴阳合历，与古代美索不达米亚的历法一样。古埃及人在对阴历进行改动之后，着手研发了一种完全基于太阳的历法，世界大部分地区今天仍在使用阳历。即使是在伊斯兰国家，阳历也会用于非宗教目的。

尼罗河上的天狼星

在古埃及，季节都是基于尼罗河每年的洪水来划分的。每年 5 月到 8 月期间，猛烈的季风会席卷位于埃及南部的埃塞俄比亚高地。雨水汇入塔纳湖，从那里通过青尼罗河流入尼罗河主流。洪水导致埃及尼罗河泛滥，淹没周边的低地。自 6 月开始河流水位会稳步上升，7 月中旬突然波动上升，低地被肥沃的土壤所覆盖，为农作物种植创造了条件。这种天然的洪水周期及其固有的不确定性直到 20 世纪 70 年代阿斯旺大坝建成才被打破。由于全年干旱的天气条件变化不大，埃及人利用这一周期将每年分为三个季节，洪水泛滥的洪水季是一年伊始，冬季是作物生长的季节，而夏季则是收获的季节。

巧的是，有一个可预测的天文现象与尼罗河每年的洪水相对应，埃及人用它作为新年的标志。尼罗河流域万里无云，这在某种程度上意味着在那里居住的人们对太阳、月亮和星星在天上的运动了如指掌。而引起他们注意的天象与天狼星——埃及人称之为"索普代特"——密切相关。

由于地球倾斜着自转，所以在埃及和在土耳其东南部一样，人们并不是全年都能看到天狼星。天狼星一年当中有 70 天在地平线之下，然后在尼罗河泛滥前夕又纯属偶然地出现在人们的视野中。这似乎也有点太巧合了，很难让人视而不见，而且似乎是为了坐实人间万象和天文现象之间看上去的某种联系，埃及人把银河系——天狼星位于银河系雾带附近的天空——视同尼罗河。

因为天狼星的出现预示着洪水即将到来，所以人们将它与埃及的重生及母爱女神伊西斯联系在一起。据传，她为遇害的丈夫奥西里斯流下的眼泪淌满银河，尼罗河一年一度的洪水被认为是她的眼泪回归尘世的显现。人们还将天狼星与象征生育的埃及女神哈索尔联系在一起，从而产生了一个不同的关于洪水的传说。在这个传说中，哈索尔象征着一头牛角间闪耀着天狼星的母牛，受拉的派遣前去惩罚计划反抗他统治的人类。哈索尔怒不可遏，开始不分青红皂白地屠杀人类，于是拉用红色的石榴酒淹没了这片土地以阻止她杀光所有的人。哈索尔在狂怒中，误以为石榴酒是鲜血，喝得酩酊大醉，屠杀由此得以平息。由于尼罗河携带的沉积物在洪水期间变为红色，所以人们认为它与哈索尔女神的回归有关。

1890 年，英国天文学家诺曼·洛克耶开始考察埃及。他对天体排列的记述很感兴趣，并在对该地区进行研究后指出，前人在丹德拉修建伊西斯神庙是为了观察天狼星何时重返夜空。[28] 另一座伊西斯神庙位于尼罗河的菲莱岛上，附近有一座沙提（沙提也是与洪水神话有关的一个女神）神庙，人们认为这座神庙正是古埃及人为了宣告新年并为洪水的到来做好准备而观测天狼星重新出现的地方。[29] 每年快要到了特定日子的时候，身兼天文学家的牧师们就会在黎明到来之前聚集在一起观察东方地平线，等待天狼星在群星被晨光淹没的破晓之前出现。在看到天狼星的那个早晨，他们宣布新的一年开始。这一刻被称为天狼星的偕日升（晨出）。

埃及的每个季节分为 4 个月，每个月 30 天。每个月再被分成 3 个 10 天的时间段，称为旬。因为 12 个 30 天的月份组成的一年只有 360 天，所以埃及历法中增加了一个 5 天的短月份，以使季节与历法保持一致。每四年一次，这个短月会延长至 6 天，这相当于我们现在闰年的埃及版本。不过出于宗教目的，埃及人也保留了他们早期的阴历。

从宗教角度来看，天狼星夜晚待在地平线下的 70 天非常重要，埃及人认为这是灵魂穿越冥界的时间，所以他们将这段时间用来对尸体做防腐处理、制成木乃伊以便于下葬。

十度区

天文知识除了用于宗教活动，还可以通过将一天分为三个主要天文时点（日出、正午、日落）用于计时。人们将一天划分为 24 小时，以及将 1 小时划分为 60 分钟这两种做法均源自早期文明。

日晷大约于公元前 1500 年在肥沃新月各地得到应用。2013 年，瑞士巴塞尔大学的研究人员在国王谷发现了一个埃及日晷的基座。[30] 这件出土于墓冢建造工人所用石屋的文物之所以引人瞩目，是因为画在基座上的半圆被划分为大致相等的 12 个部分——用以表示白天的 12 "小时"。问题是，为什么是 12 个？

在古埃及确立使用的是以 12 为基数的计数系统（十二进制），

人们通常认为这是因为 12 是一年中完整的月相周期。如果自然界选择把一年划分为 12 份，那么对应地把一天划分为同样的等份也不失为一种简洁的处理方式。

在没有太阳指引的夜晚，古埃及人明确了一些在东边地平线上可以观测到的易于识别的星星或者明亮的单颗星星的图案。当每个被称为"十度区"的星星图案升起时，天文学家就可以标出夜间的 1 个"小时"。这些"十度区"可以看作早期的星座，它们总共有 36 个，大约其中的三分之一会在指定的夜晚里分给大致等长的 12 个小时，无论是什么季节，都是如此。[31] 正是沿着这个古老的根源，我们找到了将一天划分为 24 小时的基础。[32]

有趣的是，从大约公元前 2100 年开始，这些十度区就成为画在木制棺盖里面的星表，这么做或许是为了帮助死者找到通往天堂的路。到了很久之后的公元 2 世纪，人们发现了一篇名为《星象运行基础》的莎草纸文献，其中描述了十度区的使用。这一文献现在以天空女神的名字命名，一般被称为《努特之书》(*The Book of Nut*)。不过，在不同地方发现的这些十度区列表各不相同，而且与描绘星星图案的图表几乎没有关系，这使得利用现代星座来识别它们十分困难。[33] 但在卢克索以北约 60 千米的丹德拉考古遗址中，却有了一个惊人的发现。

丹德拉的哈索尔神庙在 19 世纪被法国考古学家维旺·德农发现，他曾在埃及战争期间一直陪着拿破仑。正是在这一时期，非同凡响的古埃及文化宝藏引起了欧洲的注意。在神庙门廊的天花板上有一幅详细描绘了夜空场景的浅浮雕，其中包括 36 个十度区。这本应是访客在进入神庙之前抬头仰望就会看到的第一幅画面，但现在它只能为巴黎卢浮宫博物馆的参观者所见。原因在于，尽管德农起初还满足于描摹这幅不同凡响的星图，但在成为卢浮宫博物馆的第一任馆长后，他便于1820年派遣了一名石匠带着一袋工具和少量火药前往埃及把这幅浮雕炸开拆除并运回法国首都，此后浮雕便一直留在那里。

每个十度区图案中都有一个被一小片星星环绕着站在船上的神，尽管在个别令人费解的情况下，神的周边并没有星星。这艘船意义重大，因为这是埃及人用来表示星星在夜空中移动的象征。因此，十度区本身并不像我们今天所认为的那样被看作完全成熟的星座，而是由在同一时刻升起的星星组成的紧凑构型。每个星群似乎多由4颗星星组成，因此比较遗憾的是，我们还无法很好地把它们跟今天看到的星星联系在一起。

然而，它们确实让我们得出了另外的重要结论。首先，它们是古代人类与夜空存在实践上的和宗教上的关系的又一个明确实例。其次，埃及人以具象方式而不是叙述方式给十度区命名，这给我们今天使用的星座命名提供了线索。

一般都说星座是根据其图案的形状来命名的。在猎户座看到一个男人、在狮子座看到一头狮子并不困难，但是在仙女座看到一位女神或者在天秤座看到一副天平却几乎是不可能的。虽然人马座（射手座）应该看起来像一个弓箭手（通常被描绘成半人半马的样子），但事实上，这些星星的图案看起来更像一个茶壶，甚至连天文学家也这样称呼它。

在给十度区的命名中，我们注意到埃及人给这些星星图案起的形象的名字，很可能是为了有助于记住基本的天球坐标和计时系统。这就把我们带到了星座的起源。

昴星团

在法国的拉斯科洞穴，墙壁上覆盖着近 6 000 尊雕像，可以分为动物、人类和符号几类。在大约 900 只动物中，几乎一半都是马，但引起我们注意的是公牛。在洞穴的一个区域，4 头黑色古代野牛（现已灭绝的家牛祖先）的雕像占据墙面绝大部分。其中最大的公牛雕像有 5.2 米长，在它的肩膀上方是一个由 6 个点组成的图案，对于任何一个北半球的天空观察者来说，这个图案看起来都非常熟悉。它们代表了用肉眼就能很容易看到的一个星团，人们称之为昴星团，它是整个天空中唯一一组明显紧密聚集在一起的星星的集合。当它们被画在洞穴的墙壁上时，这也可能是在预示春天和秋天的来临。在那个时期，人们在春天里整晚都能够看到这些星星，当太阳从东方升起时它们就在西方落下。然而等到了秋天，它们只在黎明时分惊鸿一现。

这段故事中最有趣的是，这个昴星团是我们今天称之为金牛座的一部分，它们甚至就位于金牛肩膀的正上方，就像它们在拉斯科洞穴绘画中所体现的那样。所以，当今天站在星空之下仰望昴星团、想象着天上有一头公牛时，我们正经历着与大约 1.9 万年前的史前艺术家完全相同的心路历程。

昴星团还出现在一件被称为内布拉星象盘的美丽文物上。这个考古文物发现于德国的内布拉，年代大约可以追溯至公元前 1600 年，由一个直径约 30 厘米的圆形青铜组成。它的铜绿色图案中镶嵌着金色的符号，看起来显然代表的是天体。其中最明显的是一个表示太阳（或满月）的完整圆圈和一个新月图形，它们之间有一群星星，人们通常认为那就是昴星团。虽然内布拉星象盘的确切天文用途可能永远都不得而知，但它含有对昴星团的描绘这一事实，清楚地表明这一星团对古代的人类而言十分重要。

考虑到昴星团独有的特质，它时不时出现在许多与早期人类有关的民间故事中也就不足为奇了。然而，令人震惊的是，所有这些故事好像都是相关联的，这不可能纯属巧合。来自澳大利亚、北美洲和欧洲的原住民几乎都将昴星团看作一群女性。在相互关联的故事里，"她们"总是被强壮的男人追求，如果有人被追到便会从星群中消失。这也就揭开了长久以来与这个星团有关的一个谜团：虽然我们今天用肉眼只能看到六颗星星，但它却总是被称为"七姐妹"。

这些故事的相似性表明，这个传说在我们的祖先开始在地球上迁徙之前就已经被虚构出来了，而这也就意味着，人类在数万年前甚至10万年前就开始将他们的想象力投射到夜空并讲述着星星的故事。

同样，昴星团周围的星星通常与公牛有关。对古代苏美尔人来说，它是"天堂之牛"，这种说法出自《吉尔伽美什史诗》，这是迄今已知的最早的伟大文学作品之一。这部史诗从吉尔伽美什数百年的民间传说中演变而来。当与这部史诗同名的英雄傲慢地拒绝了女神伊娜娜（Inanna）的求爱时，公牛突然出现了。他的拒绝使她受到了伤害，于是她派公牛去杀害他。吉尔伽美什的一名盟友将公牛撕成两半，并将它扔回空中，使杀害未遂。时至今日，金牛座还是常常被描绘成公牛的前半部分。根据巴比伦人的说法，那两条后腿可以在我们现在称之为大熊座（北斗七星）和小熊座的星座中找到。

苏美尔人也从群星中辨识出了吉尔伽美什，他们把他和我们现在称之为猎户座的星座联系在一起。根据他们的描述，他的腰带上挂着一把剑，就像我们想象出来的现代化身一样。虽然大多数星座中的星星图案看起来跟他们的描述不太一样，但猎户座是个例外。在这些明亮的恒星中，我们很容易在心里描绘出一幅画面：一个系着腰带的人举着一个盾牌或一张弓与邻近的金牛座对峙。

这些故事不免让人认为，星座是围着篝火讲故事的古人想出来的。按照这个"画册"假说，牧羊人、吟游诗人或村子里的老人无限憧憬地仰望着天空，编出一些故事供族群娱乐和学习。

像金牛座和北斗七星这样的少数几个星座，以及与希腊神话有关联的星座，比如仙女座、仙后座和英仙座，可能源自神话创作和故事讲述，同时十度区表明，将星星按照易于识别的图案分组意味着它们可以作为一个形象化的坐标系统用于现实的目的。这一点在黄道带里最为明显。

黄道十二宫

黄道带上分布着环绕整个天空的一组星座，它的名字源于希腊语，本意是"小动物围而成圈"，尽管并非每个星座都是一种动物。就星座而言也许更为人熟知的是"星宫"，因为它们被占星师赋予了特殊含义，这一点我们会在第 10 章中看到。到目前为止，它们的重要性在于它们跟十度区一样可以用作一个形象化的坐标系统。12 个黄道星座分别是白羊座、金牛座、双子座、巨蟹座、狮子座、室女座（处女座）、天秤座、天蝎座、射手座、摩羯座、宝瓶座（水瓶座）和双鱼座，是由太阳、月亮和行星穿越天空的路径来界定的。这些天体或多或少都沿着同样的路径运行，唯一不同的是它们运行的速度。因此，太阳、月亮和行星在天空中的位置可以通过参照它们正在穿越的 12 个黄道星座来确定。例如，火星在金牛座，木星从射手座前往天蝎座。

虽然 12 个黄道星座直到公元前 5 世纪左右才被完全确定下来，但已知最早的巴比伦星表（可追溯到公元前 12 世纪）已经含有对这些星座的早期描述。在公元前 1000 年的巴比伦星表《天文纲要》中，黄道带被分为 18 个星座，也称作"宫位"。《天文纲要》之所以值得关注，是因为它不仅仅是一个简单的星星列表，它实际上是一本根据夜空判定时间和记录一年变化的手册。星表中列出了将要同时升起和落下的星座，一个即将升起而另一个升至天顶的星座对，以及行星和月亮穿越黄道带的路径。星表中还包含如何调整历法使其与一些特定星星的升降保持一致，如何根据棍子的影子判断时间，以及夜晚的长度在一年当中如何变化这样的信息。

这本星表之所以值得关注，还因为它选出了 4 个黄道星座来标记一年当中 4 个特殊的时点。MULGU4.AN.NA，天上的公牛（金牛座）；MULUR.GU.LA，狮子（狮子座）；MULGIR. TAB，蝎子（天蝎座）；还有 MULSUḪUR.MAŠ，羊鱼（摩羯座）。这些星座所标志的时点分别是春分、夏至、秋分和冬至——这些也是许多史前巨石纪念碑和洞穴都标记的一年当中的主要时刻。不过，到了《天文纲要》的时代，我们发现夜空当时被用来记录这些主要时刻之间的月、周、日和小时。人们从石器时代早期的观测中，演化出一套以黄道星座为核心的复杂的天文计时系统，作为在这些观测中形象化地辨识它们的一种方式。

在《天文纲要》出现 200 年之后的公元前 8 世纪，希腊诗人荷马和赫西奥德在他们的作品中提到了像大熊座和猎户座这样更容易辨认的星座，同时也提到了明亮的恒星大角星和天狼星，以及昴星团。

及至公元前 3 世纪，希腊诗人阿拉托斯把天文知识写成了一首诗——《天象》（*Phaenomena*）。人们认为，这首诗作在很大程度上得益于尼多斯的希腊天文学家欧多克索斯所做的工作，他在之前大约 100 年就一直在研究星星。诗作旨在介绍夜空及其用途，描述了 47 个星座，其中绝大部分我们今天都很熟悉。阿拉托斯解释了天空在夜间和一年当中是如何运行的，并罗列出星座每年不同的升降时间。至此，巴比伦黄道带上的 18 个宫位已经被缩减，合并为我们今天所熟知的 12 个宫位。

现有 88 个星座于 1928 年得到了国际天文学联合会的认可和批准，其中一半以上来自公元 150 年希腊天文学家克罗狄斯·托勒密给出的一份清单。他曾在古罗马埃及行省的亚历山大城工作，在其伟大的著作《天文学大成》（现在更广为人知的是它的阿拉伯名字《至大论》）中，他记载了 1 000 颗星星，并将它们归类到 48 个星座当中。这部著作是对天文学知识的一次重要汇总，并成为之后 1 500 年中科学工作的参考标准。托勒密信奉地球是宇宙一成不变的中心这一理论，包括太阳在内的所有事物都围绕着地球旋转。这种天文模式一直沿用到十六七世纪，当时哥白尼、伽利略以及其他人员的研究成果迫使我们不得不从不同的角度来看待事物，这一点我们会在第 6 章和第 7 章中看到。

虽然托勒密的宇宙模式未能幸存，但他提出的大部分星座却幸存了下来。在今天的官方名单中，只有一个星座显然没有出现，它就是南天球巨大的南船座（*Argo Navis*），这个星座代表的是伊阿宋和阿尔戈英雄们使用过的船只"阿尔戈号"。在十七八世纪的科学革命中掀起的一股天文学热潮里，天文学家把这艘船划分为我们现在熟知的几个组成部分：船底座（船的龙骨）、船尾座（船尾甲板）和船帆座（船帆）。

从表面上来看，证据似乎很明显：希腊人确定了我们今天使用的星座系统。但其实远不止这么简单。有分析表明，阿拉托斯诗句中所描述的欧多克索斯眼中的夜空是他们二位都不可能看到的。他们谈及的南方星座在希腊根本就看不见，也就是说，我们今天使用的星座并不是希腊的发明，而应该是从更早的时代和其他的民族那里得到的智慧。不过，是谁呢？

为了解开这个谜团，学者开始转向考古证据、天文学知识和一些有关夜空在过去的样子的计算机模拟。

星座的起源

在埃及，来自哈索尔神庙刻有十度区浅浮雕的丹德拉星图也呈现出了星座，72 幅单个的象形图中含有托勒密罗列清单中的 48 个星座，而且从中很容易辨识出现代意义上的黄道星座。由于埃及位于希腊南部，拥有更加古老的文明，因此确定星图的年代可能是解开这个谜题的关键。

事实上，在法国人于 19 世纪初占有这幅星图后，一场关于其年代的激烈争论就爆发了。许多早期的推断可以追溯至公元前数千年，这使这幅星图成为一个令人叹为观止的发现，因为它证明了人们对星座的界定比最初认为的要早很多。

所幸通过对纪念碑黄道带周围象形文字的研究，终于真相大白。其中一个关键性证据是在被称为"卡图切"（图廓花边）的椭圆形轮廓内发现的象形文字，这些文字写明了建筑建造时期法老的名字。但丹德拉星图黄道带上的卡图切内部却是空的，[34] 这座建筑被置于埃及历史上一段非常特殊的时期，也就是从公元前51年克娄巴特拉的父亲去世，到公元前42年克娄巴特拉与她的儿子恺撒里昂共同登基之间的政权空白时期。这9年当中建造的所有纪念碑上的卡图切里面都没有留下法老的名字。因此，丹德拉星图比托勒密和他的《至大论》早出现大约两个世纪，却比欧多克索斯和阿拉托斯的发现晚了几百年。虽然这座特殊的纪念碑无法表明是谁界定了这些星座，但另一件文物更为详细地证明了它具有更大的作用。

在那不勒斯国家考古博物馆里矗立着阿特拉斯的雕像，这座雕像可以追溯至公元2世纪，大约就是托勒密的《至大论》时代。雕像刻画的是提坦巨神阿特拉斯在天空的重压下挣扎，他的肩上扛着代表苍穹的一个球体（天球仪）。这座雕像以已知最古老的天球仪而蜚声世界。托勒密罗列的大部分星座被刻画出来，但刻画出来的不是星星，而是它们的象形图，这些象形图与我们想象中他们仰望夜空所看到的样子相反。原因是，我们是从"外面"观看夜空，把它看作一个球体，而地球则像一个圆点正好位于这个球体的中心，这才是上帝眼中的苍穹。至关重要的是，在阿特拉斯肩上扛着的天球仪上，靠近南天极附近的夜空中没有显示出星座，而是一片空白。

同样，在阿拉托斯的诗文中南天极附近也没有星座，围绕着这片空白区域则有6个星座连成一个环形，这正是找出确定这些星座的人所在位置的主要线索。

　　　　　　　　　　　　　　　　　给仰望者的星空史

除非你站在赤道上，否则永远都会有一个区域的星星永不下落，还有一个区域的星星永不升起，也就是说，所有站在北半球的人都无法看到南半球的星星。所以，从南天极周围的空白我们一眼就能看出，星座创设者居住在北半球，而我们从空白的大小就能够知道其居住的地方有多北。

如果你站在北极，就只能看到天空的一半。星星不会升起也不会落下，而是会围绕着直接指向夜空之上的北天极进行旋转。因此，如果最初的星图只涵盖了天球的北半球，那么这些天文学家应该就生活在北极地区。如果他们生活在赤道上，那么星图应该就会涵盖天球的全部，因为他们在一年中能够看到整个天空。

通过分析未被绘制的南部天空区域的大小和形状，许多学者推断，诗文中所描述的星座起源于公元前第三个千年克里特岛上米诺斯人的思想智慧。[35] 这确实是一个很有吸引力的结论，因为米诺斯人是一个依靠夜空导航的伟大的航海民族。

瑞典乌普萨拉大学的玛丽·布隆贝里和约伦·亨里克松两人的研究表明，两座米诺斯建筑——克诺索斯宫殿和佩索菲亚斯圣殿——在它们的建筑结构中展现出惊人的天体排列。[36] 每年的春分和秋分时节，阳光在黎明时分能够照射到克诺索斯宫殿中的"宫碑廊"上。在佩索菲亚斯圣殿，大部分墙壁都参照大角星进行排列。从公元前 1900 年克里特岛建成圣殿开始，这里全年都看不到这颗明亮的橙色星星。有一组墙指向东方地平线上日出的位置，而另一组墙则指向西方地平线上日落的位置。对米诺斯人来说，这颗星星的重要性在于，能看见它的时候恰好是地中海天气不错的时节，因此也是地中海的航海季。

远离陆地后，除了关于海流和盛行风向的知识，夜空将是船舶领航员唯一的参照物。由于海流和风向会受到局部干扰，星星就成为固定的参照点，在地中海几乎无云的夏夜就更是如此。但要想成功地驾驶一艘船，就需要对不同的星星以及它们在每个夜晚和整个航海季节期间如何变换位置有非常详细的了解。

即使是在今天，仍有一些波利尼西亚航海家不使用任何仪器，仅凭借所掌握的洋流、风向和夜空的知识，就能够准确地驾驶船只穿越大片开阔的水域。这是一项需要具备敏锐洞察力和判断力的非凡技能。英国和美国每年都出版《航海年鉴》，书中刊载有58颗选定的导航星的位置，人们可以通过六分仪将这些导航用于定位，它们的高度可以用来计算船舶在大海上的位置。

我们想象一下，米诺斯人在没有书面星表的情况下，将星星划分成不同的星座——而不是像埃及人那样将星星划分为十度区图案——以便于记住每个季节中不同时期的航行方向。布隆贝里和亨里克松计算出，公元前2世纪初9月份的猎户座和天狼星标志着从克里特岛到尼罗河三角洲的路径。当然，在荷马时代（约公元前700年）就已经有了对这种方法的明确描述。荷马在他的史诗《奥德修纪》中写道：为确保向东航行，有人建议男主人公奥德修斯一定要确保大熊座在他的左手边。

如此看来，米诺斯人在公元前第三个千年的某个时候就界定了我们如今所知的星座这一观点貌似可信。然而，得克萨斯大学布拉德利·谢弗最近的一项分析却给出了不同的位置，以及更近的起源时间。

他集中研究了希腊人所描绘的夜空中最南边的6个星座，并使用计算机计算出公元前3000年每年可以看到每一个星座的最北纬度。在他的著书中最引人注意的观点是，在公元前900年至公元前

330 年，在北纬 30°～ 34° 区域的上空可以看到所有 6 个星座。[37]

这表明有人在那个纬度、在那个时候创建了星座。这不可能是希腊人，因为希腊最南端是北纬 36.4° 的马塔潘角（泰纳罗角的旧称），这些星座永远不会出现在那里的地平线之上。也不可能是米诺斯人，因为克里特岛在北纬 35°，同样位于可见地域之外。此外，继地震和锡拉岛火山爆发等一系列自然灾害之后，米诺斯人的文明自公元前 1450 年起就开始走向衰落。谢弗所指的反而是位于北纬 32.5°、一直繁荣兴盛到公元前 540 年左右的巴比伦。

这并不排除米诺斯人参与到星座的界定当中的可能性，他们可能已经开始填补那些史前神话未曾触及的天空部分，然后，正如谢弗断定的那样，最南端的星座在巴比伦文明晚期横空出世。如果是这样，那么欧多克索斯和阿拉托斯所刻画的夜空就是各种观点经过上千年演变之后的一种集大成的体现。

无论星座的确切起源如何，有一件事情非常清楚：十度区星座、黄道星座和星星的导航用途都表明，在大多数情况下，星图不是一本用来消遣娱乐的画册，而是一个用于计时和导航的天体坐标系。然而，与这些纯粹的实际用途交织在一起的是，认为夜空对我们具有重要意义而且上帝在那里写下信息供我们解读的宗教观念仍有增无减。

到了公元前 8 世纪至公元 6 世纪之间的古希腊和古罗马时期，实用性和宗教性开始融合。一些重要的恒星不仅开始被视作信使，而且也被视为它们所预示事件的起因。例如，米诺斯人将大角星与航海的联系转变成一种迷信的恐惧信息，即如果能够看到星星，就会出现暴风雨天气。至于最亮的星星天狼星，人们认为它在夏季闪烁的璀璨光芒与太阳的能量叠加，致使地中海地区的气温飙升。天狼星位于大犬座，这就是我们会用"三伏天"（the dog days）这种说法来形容夏季当中最炎热的那些日子的原因。

不难看出他们怎么会有这种想法，因为从观测常识来看，热量和光线均来自太阳，进而也证明了天与地之间真实地存在着一种物理联系。随着古代文明的繁荣昌盛，人们自然会试图调和世间万象，试图将天与地联系在一起，并将我们更直接地与夜空关联起来。源于这种探索行为的理论主导人类思想近 2 000 年，甚至时至今日仍旧束缚着一些人的思想。

04

巫师、智者和星相学家

占星术的诞生与发展

在公元前 1000 年巴比伦的星表也就是《天文纲要》的末尾，有一份关于如何将天文知识应用于日常生活的总结。这份总结以先兆的形式呈现，人们可以从各类恒星、行星的表象，以及突如其来的风这类自然气候现象中解读出这些先兆。这些段落有着重大意义，因为我们从中可以看出，巴比伦人根据天体的位置发展出了一套复杂的预测系统。他们通过观测夜空寻求对未来的认知，占星术就此诞生。

占星术的基本观点是，夜空的状况对地球有着双重影响。首先，它影响着自然事件。其次，它塑造和影响着我们的性格。占星师通过仔细研究这些关联，以期率先了解这些关联，然后利用这些知识来预言未来事件。

与神交流：占星术的诞生

虽然今天仍然有许多人通过解读他们自己的星座来获知一些事情，但在学术上，占星术是一门不可信的学科。我们在现代科学世界中已经研发出各种仪器来测量我们在自然界中观察到的所有的力，但依然没有发现有什么东西具有占星术认为的源自行星的影响力。所以，从这个现代角度来看，人们很容易认为占星术的发展不过是头脑不如我们的人所犯下的错误。但我们必须记住，巴比伦占星师的聪明才智跟我们不相上下，他们所欠缺的只是知识。

比如，我们现在都知道有风吹来是因为两个地理位置之间的气压不同，[38] 但巴比伦人的看法则不同。他们的世界观建立在古代苏美尔人的世界观之上，认为自然界的力量是神的化身，因此要服从神的意志。巴比伦人试图通过观察自然来理解神的旨意，这顺理成章，就像我们可以通过观察他人的行为判断出他们的心情一样。

当新巴比伦王国大约在公元前 626 年由迦勒底人建立时，天文学家显然已经开始扮演占卜者的角色。天文学和占星术已发展为同一门学科，在 17 世纪之前的欧洲大抵如此。占星术作为一种保持天地平衡的方法被系统地运用。事实上，这种做法非常盛行，以至于被叫作迦勒底人就意味着被称为占星师。

在巴比伦，春分后的第一个新月标志着新年的开始。第一个月被称为尼散月，它的到来将拉开巴比伦历法中最盛大节日的序幕。这场被称为"阿基图"（Akitu）的庆典主要是一场占星活动，旨在反映天堂中天神的聚会，其中包括由智者决定来年准备举行哪些仪式。

阿基图庆典持续十二天，以诵读各种祷告词和巴比伦创世神话《埃努玛·埃利什》开始。到了第八天，众神被认为已聚集在一起，于是开始决定来年的仪式活动。第十一天，众神做出决定，这些决定通过行星的位置加以显示。这一天，地球上的占星师会呈现他们对上天旨意的理解，将神的信息传达给国王和他的子民，其他占卜师则会检查祭祀牲口的内脏并做出预言。

随着宗教的兴起，占星术显然在文字发明之初就已经得到了很好的发展。所以，就像计时和宗教一样，占星术的起源必定能够追溯到史前。事实上，正是认为夜空会发出预兆——只有接受过特殊技能教育的人才能够解读的秘密知识——这一信仰造就了狩猎采集者"神秘天空群体"的蓬勃发展。到了巴比伦时代，占星术与宗教已经难以区分开来，我们可以把它看作一种"万物理论"，即试图解释天与地如何协同工作、相互之间存在何种关联的一系列观点。只有在宗教开始关注死后生命的时候，就像埃及关注心脏的重量那样，这两种观念才会有所分歧和对抗，这一点我们很快就能够看到。

到公元前 650 年，巴比伦人将数百年来的占星预测汇编成 70 块石碑，这套石碑被称为《埃努玛·安努·恩利勒》（*Enûma Anu Enlil*），19 世纪出土于今巴格达郊外的古尼尼微的亚述巴尼拔图书馆。这座图书馆为亚述巴尼拔国王服务，馆中收藏的数以千计的泥版文书讲述了《吉尔伽美什史诗》和《埃努玛·埃利什》的故事。《埃努玛·安努·恩利勒》是一部具有巨大参考价值的预言集，它保存有 6 500～7 000 个与各种天象和气象事件有关的先兆。思路很简单：当你观察到天空中的一些现象（可能是一轮弯弯的新月正接近明亮的木星）时，你就到泥版文书中查看它意味着什么。简而言之，《埃努玛·安努·恩利勒》就是第一部占星百科全书。

前 22 块石碑主要描述对月亮的观测，它们把月亮与罪恶女神关联在一起。接下来的 14 块石碑记录了太阳发生的自然现象，并将这些现象与太阳神萨摩斯（Samas）关联在一起。再往下的 13 块石碑详细介绍了各种气象观测，其余石碑则罗列了各种行星排列。在这70块石碑中，第63块在学术界特别有名，因为它非常清楚地记录了在21年的时间中有关金星的天文信息，很有价值。

除了太阳和月亮之外，金星是看上去最明亮的天体，但它并不是连续"出现"。金星绕太阳运行，比地球距离太阳更近，因此它几乎没有在黑暗的夜空中"出现"过。在长达225天的绕轨运行期间，它时隐时现，大部分时间距离太阳非常近，人类用肉眼无法看见它。由于地球与金星的绕轨运行相互结合，所以金星有18个月的可见周期，天文学家称之为显现期。

金星会先在夜空中出现1个月左右，然后，当它在地球和太阳之间的轨道上运行时，就会从人们的视野中消失数周，然后以一颗闪耀的"明星"形象再度出现在清晨的天空中。这就是这颗行星有时被称为昏星，有时则被称为晨星的原因。它会在空中逗留6周左右，但当金星开始运行到太阳后面时，会再度从人们的视野中消失，这一次的时间要长很多。一直到14个月后，它才会返回夜空完成一整轮的显现期，然后开始下一轮周期。

《埃努玛·安努·恩利勒》的第63块石碑记录了21年间这一周期的轮回。尽管这些石碑制作于公元前650年左右，但研究者在试图确定这些天文信息年代的过程中发现，它可能指的是发生在公元前1700年至公元前1550年间的金星显现期。这也说明创建一个历经数百年代代相传的知识库是一个更加悠久的天文传统。

《埃努玛·安努·恩利勒》石碑的意义在于，在这些精心制作的天文观测文献中，我们能够清楚地看到有一批有着清晰思维、理性甚至科学思想的大脑在工作的人，尽管他们错误地试图将天文现象与地球事件关联在一起。同时，历史到了这个时期，宗教观念已经从狩猎采集者的万物有灵论转变为一种被称为"微观世界-宏观世界"或"天上如是,地上亦然"(认为尘世之事会反映在宇宙当中)的哲学。由于当时的宗教认为,人类是为了在地球上完成神的工作而被创造出来的,所以我们的祖先需要解读自然界的信息并据此采取行动。只有这样,天地才能保持平衡。如果他们忽视了天界的信息,那么就会再次出现混乱,因此,人们会认为占星术的实践是为了平衡天地,引导社会秩序、政治稳定和经济繁荣。现如今,除了社会秩序、政治稳定和经济繁荣被认为是相互依存的之外,其他几乎没有什么变化,因此,我们在很大程度上已经放弃了崇拜上帝和自然以寻求其帮助来实现这种平衡的观念。

一旦掌握了天体周期与像季节变化这种大范围自然现象之间的关联方式,巴比伦人就开始将观察范围扩大到越来越小的事件当中。他们煞费苦心地记录下对夜空的观测,并将其与政治和社会事件关联起来,以寻求一种模式。这促使他们进行复杂的天文计算,也使他们成为历史上有记录以来第一批使用数学分析自然界的人群。

除了记录和分析金星的可见性,巴比伦人还计算出不同季节白天长度的变化规律,并提出如何计算月亮升起和落下的时间。[39] 从生活在公元前第一个千年的占星师的房中出土的泥版文书说明,他们当时已经开始依赖于对行星运行进行计算,而不是实际观测。[40] 通过这些计算,他们可以预测行星在天空中的位置,并利用这些信息对尘世进行预言。这种对数学的依赖表明他们在天文学方面是多么先进和自信。

微观世界与宏观世界：占星术的确立

行星在占星术中占有特殊的地位，因为它们不会像恒星那样随季节变化同步升起，也不跟随月亮的月份变换而有所变化，而是保持着它们自己的节奏，从健步如飞的水星到沉稳从容的土星，以及速度介于两者之间的所有星星都是如此。巴比伦人将每个行星都与一个神灵联系在一起，并认为这些行星在天空中的形态是这些神灵与我们进行交流的主要方式。

我们的肉眼可以看到 5 颗行星：水星、金星、火星、木星和土星。除了太阳和月亮（以及我们在第 7 章中会谈及的彗星），在恒星的固定背景下改变位置的天体就剩下行星了。

然而，它们在天空中你追我赶时，却从不离开黄道星座。我们现在搞清楚了，这是因为太阳系由一个旋转的物质盘凝聚而成，把包括地球在内的行星固定在大致相同的轨道平面上。然而，对于过往的那些内心充满好奇的人来说，行星跨越天空时与太阳和月亮共享同一路线这一事实，肯定为证明它们的重要性提供了"证据"。

为了强调这些天体运行轨迹在宗教上的重要性，巴比伦人分别将水星与书法和智慧之神纳布，金星与爱、性和政治权力的女神伊什塔尔，火星与战争和瘟疫之神内尔各勒，木星和巴比伦万神殿的主神马尔杜克，土星与狩猎和农耕之神尼努尔塔关联在一起。如此一来，巴比伦占星术便开始将行星与不同的品质和个性关联在一起。

担负确立古代占星术这一重任的人是公元 2 世纪的天文学家克罗狄斯·托勒密。他把自己对天文学知识的综述写入《至大论》

中，接着他又写了一部对占星术进行辩护并给予说明的作品——《占星四书》(*Tetrabiblos*)，这部书成为一部极具影响力的作品，至今仍被不同占星术网站引用。

《占星四书》旨在基于托勒密的微观世界－宏观世界观念提出一种万物理论，即"自然界的大多数普遍现象的起因均源自笼罩在上的苍穹"。[41] 尽管托勒密不是书中所有观点的发起者，但他却把当时的普遍趋势融会贯通为一个有凝聚力的整体，并重点进行了一次重大转变。他捍卫的主张是，占星术是对自然力和人类个性合乎常理的解释，并不是一个超自然的众神路标系统，同时强调占星术独立于宗教。

在《占星四书》中，托勒密首先将天文学和占星术区分开来。他表示，天文学旨在发现各种天体的运行及其运行周期和起落，占星术则紧随其后研究这些运行给地球所带来的变化。换句话说，占星术是应用天文学，然后他就着手为这一观点提供证据。

众所周知，太阳带来日夜更迭，对地球的日常生活和季节周期影响最大，正如史前洞穴居住者和巨石阵建筑者所发现的那样，太阳在天空中的日常高度决定着季节的变换。托勒密明确指出，就像潮汐变化和动物活动都缘于月球的自然规律一样，太阳的主导作用也受月球和行星位置的调控，这些影响通过大气中的气候现象传输给地球。他接着说，季节变换的气候现象显然会影响包括农作物在内的植物及动物的质量和数量，因此它们自然也会决定人类的成长和个性的形成。根据托勒密的理论，每个人出生时刻的"秉性"都铭刻在人的体内，而这种秉性由行星的位置决定。

在托勒密的著述中值得注意的是，他认为行星和地球大气层中的空气之间存在明确的物理联系，把神加以干预的想法从这个等式中拿掉了。为此，他借鉴了如今被称为前苏格拉底学派的首批希腊哲学家的作品。这些哲学家住在安纳托利亚（现代土耳其）的古希腊海滨城市米利都，他们信奉微观世界-宏观世界这一观念。因此，他们通过反思探索了自然（宏观世界）和人性（微观世界）这对孪生主题，并开始将对自然的思考与宗教分离开来。他们这样做是为了寻找事物之间纯粹的物理联系，而不是将自然现象归因于神的旨意。

米利都的泰勒斯常被称为古希腊哲学之父，他提出地球和宇宙都是由同一种物质构成的这一观点。[42] 他认为，物质最基本的形式是水，从岩石到空气再到火的所有其他东西也都是水，只是水不同的转化形式或阶段。与他同时代的阿那克西曼德则认为，存在着一种独立的原始物质，这种原始物质体现了普通物质的全部四个特性：热和冷、干和湿。当这些相互矛盾的特性被分离出来，普通物质就会从原始物质中凝结析出。米利都学派的第三位成员阿那克西美尼回到已知的原始物质概念，但他选择了空气作为原始物质，空气会凝结成水和土，或者变为稀薄的云和火。到了公元前6世纪毕达哥拉斯时期，四大经典元素（土、水、气和火）的概念及其相关属性（干、湿、冷、热）已被确立，每种元素都与其中两种属性相关：土地寒冷而干燥，水寒冷而潮湿，空气炎热而潮湿，火炎热而干燥。

毕达哥拉斯还述及人类灵魂不朽这一话题，他称之为精神不朽，这对占星术产生了重要影响，因为它道出了天文学和心理学领域之间的联系，后来这一观点被柏拉图采纳。柏拉图生于公元前5世纪末的雅典，是苏格拉底的学生。苏格拉底学派的哲学家之所以与众不同，是因为他们把对人类是非行为的讨论引到对自然界的思考，他们也因此被称为道德哲学家。

柏拉图关于灵魂的学说是，灵魂起源于天堂，是更大的"世界灵魂"的一部分，一旦与肉体结合，灵魂就会提供使肉体活下去的生命力。因此，尽管万物有灵论假定万物都有灵魂，但柏拉图却认为只有生物才具有灵魂。他认为人类的灵魂是一个更大的"世界灵魂"的一部分，而这个"世界灵魂"在宇宙形成之前就已经存在，这也就意味着整个宇宙实际上是一个有生命的物体。道德哲学家据此认为，这个有生命的宇宙有一个道德准则，而且我们应该根据这个道德准则来判断人类的行为。这种观点还证明行星和人格之间的占星学关联是合理的，因为灵魂起源于天堂。

托勒密把所有这些观点都运用到了他的占星术学说当中。他认为，地球大气层越过行星，向上一直延伸到恒星。地球是宇宙湿润的来源，太阳是热量的来源，而其他恒星则是寒冷和贫瘠的来源。如此一来，每个行星都会依据它与这些来源之间距离的不同而形成其独特的属性。古代认为的行星顺序是地球、月球、水星、金星、太阳、火星、木星、土星和其他星星。因此，据说火星很热是因为它靠近太阳，而相当干燥则是因为它远离地球。这种结合使人暴躁易怒，同时具备领导素质和雄心壮志。木星距离太阳和地球稍远，是自信乐观群体的掌控者，这些人外向而活跃。土星是离太阳和地球都最远的行星，因此丧失热量和水分，变得忧郁、内向和忧心忡忡。这个体系中的最后一种人格类型是冷静镇定的人，由悠闲自得地位于太阳和地球之间的、温暖而潮湿的金星主宰，这类人往往比较从容自在，容易相处。

于是就形成了这样一种学说论，我们的个性是由这些各具优势的影响力组合来决定的，这些力量则是由行星所呈现的多种形态所决定的。在陈述他的观点时，托勒密承认占星术常常容易出错，但他在某种程度上把这归咎于从业者经验不足。

托勒密还对如何利用行星来诊断和治疗疾病进行了解释，这种想法可能也源于巴比伦占星术。在公元前 4 世纪末，一个名叫伊克什的巴比伦人住在乌鲁克城。根据对他房屋的考古发掘发现，他是一名马萨祭司，这一职业通常被认为是利用祷告或法术驱邪的法师，不过还可以更富于同情心地理解为医师。马萨的一项主要工作就是治疗人们的疾病，人们通常认为这些疾病是由"鬼魂"或入侵的灵魂带来的，通过让患者举行一些仪式和食用特制的食物或饮料来驱除这些疾病，此可谓"医学的先驱"。

伊克什拥有 30 多块学术性的泥版文书——相当于巴比伦的教科书，其中一些泥版文书描述了如何制作医学中所需的治疗性食品。值得关注的是，他们的食谱选择取决于一年当中的日期，而不是患者的症状。根据这些泥版文书，一年中的每一天都与黄道十二宫当中的一个位置有关。例如，巴比伦第四个月的第五天就与金牛座有关，在这一天治疗病人就意味着要使用牛血来减轻他们的病痛，使用牛油作为他们的吃食，使用燃烧的牛毛来烟熏他们的房子。如果治疗发生在这个月的第二天，那么就会重复这个过程，除非这一天与摩羯座有关，那就需要使用山羊的血液、脂肪和毛发。

然而在与狮子座相关的第八天，这套系统出现了问题，那就是狮子在巴比伦极其罕见。罗得岛布朗大学的考古学家约翰·斯蒂尔认为，要么这样开具处方是一个在理论上完美的体系，但在实践中无法实现，要么占星术的关联组合只是象征性的，仅涉及普通植物和草药。如果是这样，那么占星术中的名字要么是用来保守这种知识的秘密，要么是巴比伦人相信各种植物和不同星座之间的对应关系。

与此同时在希腊，医师希波克拉底基于微观世界－宏观世界理念，正在推广一种相关性非常明确的医学体系。他认为，由于一年是四季的平衡，而世界是由四种元素组成的，所以身体就一定是四种物质的平衡，并将这些物质称为体液。体液学说可能起源于几世纪前的古埃及，但将其塑造成我们今天所熟知的医学理论的人是希波克拉底。他的《自然人性论》一书中罗列的体液包括血液、黏液、黄胆汁和黑胆汁。体液学说的基本观点认为，疾病的发生是因这些液体不足或过量而导致的。因此，它摒弃了巴比伦的鬼魂和神灵观点，而是认为这些不平衡可以溯源至不太有利的行星排列。

该学说认为，之所以这样，正是因为行星与四种性格类型，即忧郁内向、暴躁易怒、冷静镇定和自信乐观有关，体液也是如此。与今天已知的体液相对应，黑胆汁被认为是从脾脏分泌出来的，并造成悲伤和忧郁的倾向，它对应的是土元素。黄胆汁相当于火，来自肝脏，它操控易怒和暴躁的行为。黏液与水相对应，源于头部，产生理性、冷静的行为。最后是血液，来自心脏，相当于空气，产生乐观自信的情绪。体液之间的平衡可以通过多种方式来恢复，其中一种就是吃那些旨在重新平衡它们的食物。

行星被认为通过体液来影响我们的性格，而黄道十二宫则被认为与人体的不同部位有关。根据这些观点，身体被分为 12 个区域，每个区域对应一个黄道星座，比如白羊座是头，双鱼座是脚。一些难以解释的巴比伦石碑表明，这种观点可能形成于大约公元前 500 年的美索不达米亚地区。[43]

尽管这些关联完全是虚构的，但托勒密对占星术学问的综合论述非常具有说服力，以至于人类与这些行星之间的假想联系被视为整个古代时期的思想。从公元 6 世纪开始，随着伟大的罗马帝国的瓦解，欧洲大部分地区分裂为交战的诸王国，在随后的 400 多年时间里信仰日渐衰退。中世纪由此开始。古典文化、艺术和科学传统被大肆践踏、毁坏和遗忘，只有生存成为当时的社会秩序。但占星术依然存在，因为其思想仍活跃在伊斯兰世界里。

传播与复兴：从中世纪到 17 世纪

在穆罕默德的统一影响下，伊斯兰教诞生于 7 世纪的中东。穆斯林认为穆罕默德是上帝派到地球的最后一位先知。随后一波扩张浪潮接踵而至，最终形成一个阿拉伯帝国，西起西班牙和葡萄牙，沿非洲北部的地中海海岸，穿过中东，一直延伸到中国和印度次大陆的边界。在扩张过程中，经典文献被翻译成阿拉伯语，融入他们的学术传统中，同时得到进一步的传播。

8 世纪，在哈里发·马穆姆·拉希德的领导下，世界上第一座由国家资助的天文台在巴格达建成，在伊斯兰世界引发了一股蔓延之势。到 10 世纪，阿卜杜勒·拉赫曼·苏菲出版了《恒星之书》，该书收录了托勒密《至大论》中的恒星目录，并使用阿拉伯语描述星座。我们今天使用的许多星星的名字正是从这本书中衍生出来的，例如"恶魔星"大陵五（之所以称为"恶魔星"，可能是因为它是唯一一颗每隔几天就能明显改变其亮度的恒星）、天鹅座尾部的天津四星、猎户座底部的参宿七星等名字都来自此书。这些名字在中世纪后期的几百年间，也就是 10 世纪到 13 世纪传入西方社会。

在这个"传播"过程中，最重要的因素之一是托莱多"翻译院"在12世纪和13世纪所做的工作。这些翻译人员是西班牙托莱多城的一群学者，托莱多曾是摩尔帝国的一部分，但是在1085年又回到了西班牙人的手中。该城当局并没有破坏图书馆，而是保护了伊斯兰社区，并且很珍视穆斯林的书籍。托莱多"翻译院"翻译了许多古代时期丢失的手稿，包括托勒密的《至大论》，重振了中世纪的思想，并激发起人们对古典知识的浓厚兴趣。这对点燃欧洲的文艺复兴非常有利，并引导人们再度对微观世界－宏观世界学说和占星术产生兴趣。

1138年，托勒密的《占星四书》被翻译成拉丁文，不仅对占星术的复兴产生了深远的影响，对医学也影响深远，古老的占星术学说受到热情的接纳。当时的人们普遍认为，要得出正确的医学诊断就需要对行星和星座的排列进行分析，以便了解四种体液中的哪一个出现失衡，以及这种失衡发生在身体的哪一个部位。为了快速定位行星，医生们开始随身携带便于查阅的折叠历书。

尽管这些历书当时一定流传很广，但现在却很少见到了，世上已知的这种历书只有30个左右。其中，特别赏心悦目的一本历书是15世纪的，由伦敦威康图书馆收藏。[44]这本历书用拉丁文书写，把历法和占星表合二为一，所有信息就像地图一样能够折叠起来。折叠后的历书还没有手掌大，可以放进华美的绿色和粉色的丝质装订物中，然后系在人的腰带上。这一本以及其他历书的核心是"黄道十二宫人像"图：用叠加在一起的各种黄道十二宫符号来展示的一个人体形象。

给病人放血的这种做法是为了释放产生疾病的过量体液，为了确定在哪里做切口，医生只需查阅历书即可。一旦确定失衡体液，文艺复兴时期的医药师就会在天空中寻找相应的主导行星，确定这颗行星位于黄道十二宫的哪个星座之后，他们就会参考黄道十二宫人像图来检查它与身体的哪个部位相对应，而这个部位附近就是要做切割的地方。

除了医药师，占星师也是那个时代的治疗师，其作用是为客户提供能够让他们的生活更有意义的最佳建议，这就是众所周知的择日占星术。通常，当一个人需要做出重大决定时，他就会去找占星师。例如，我应该向我的梦中情人求婚吗？我应该怀孕吗？我应该攻击我的敌人吗？占星师会根据客户的出生时刻绘制出他们的星象，然后查看当时的星象位置，再告知这个时候是否为采取行动的最佳时机。

当时，人们坚信星星可以直接影响人们的生活，这一信念非常强烈，以至于天体成为人们日常谈论的话题。到了 17 世纪，占星术在英国发展到巅峰，当时最新发明的印刷机使廉价的历书得以大量涌入市场。从合理实用的建议，比如人们可以计划户外活动的月相，到基于行星的位置来判断如何在来年过上更好生活的"自助性"建议，这些出版物将其全部囊括其中。1622 年，有一本历书自称包含以下内容：

> 智慧、学识、礼仪、优雅的言辞，
> 健康，以及延长我们寿命的技巧，
> 哲学、医学和诗歌，
> 所有这些，远不止这些，都尽收于本书之中。

在17世纪60年代，这些历书在英国的流通量达到40万册，这意味着大约三分之一的家庭都购有历书。[45]这使该学科与英国国教发生了冲突。基督教和占星术之间一直存在着一种令人不安的关系，主要是因为自由意志的信念与人类行为由行星位置决定的这一观念很难谐调一致。事实上，在《利未记》（《圣经》中最古老的部分之一）中，上帝的追随者被明确禁止从事占星术或任何其他形式的占卜。

但《圣经》在这个问题上前后是矛盾的。《马太福音》中描述了耶稣的诞生，有三位"智者"或国王得到耶稣即将到来的警示，他们被上帝放置于空中的"伯利恒之星"引领着来到马厩。显然这是一个占星事件，最初用来描述智者的单词是magi，占星师（magus）的复数形式。这是一个具有挑衅性的术语，它的希腊语出处指的是琐罗亚斯德的追随者。琐罗亚斯德是在现属伊朗的地区创建和发展起来的最早那批一神论宗教之一的创始人。事实上，《圣经》中的三博士据说来自东方。然而在随后的几百年中，这个词的意思是占星师或神秘技艺从业人员，单词magic（神奇的）就是从这个词根派生而来的。

将东方三博士重新塑造为国王始于3世纪，当时的神学家指出，如果他们是王室成员，那么他们出现在耶稣的马厩旁就可以实现《赞美诗》第72章中的预言，即所有的国王都会崇拜他。但直到1611年，在詹姆士国王的《钦定版圣经》中，他们才被奉为"智者"，而不是占星师。在那个时候，占星术对普通民众产生了极其有力的影响，在某种程度上已经威胁到英国教会的权威，所以他们必须得做些什么。

英国国王詹姆士下令将《圣经》从拉丁语翻译成英语，以便普通民众最终能够读懂《圣经》，而不是只依靠神职人员的话语。翻译人员把每一个"占星师"都改为"魔术师"（magician）或"巫师"（sorcerer），以便妖魔化他们的行为。只有一个例外：前往耶稣诞生地进行朝拜的三位博士被翻译成"智者"。

基督教并不是唯一一个与占星术之间产生问题的宗教。14世纪的伊斯兰神学家伊本·卡伊姆·贾兹亚在一本长达200页名为《幸福之门的钥匙》（*Miftaḥ Dār al-Saʿādah*）的书中，对占星术和其他神秘活动进行了批评。他认为我们周围的宇宙是真主的礼物，是真主从混乱中建立宇宙秩序的完美标志。一个人若认为自己能够理解，哪怕是其中的一丝一毫，那也是愚蠢的。[46]

贾兹亚认为，那些相信人类性格源自星星的人是"最无知的人，是大错特错的人，是距离人性最远的人"。事实上，他认为占星师比异教徒还要糟糕，他说的异教徒是指基督徒。他最新奇的一个论点是，如果恒星和行星真的具有某种形式的智慧，那它们肯定会运用这些智慧离开既定的轨道。他说，既然它们没有这样做，那它们就肯定是受到了全能的真主意志的约束。当他追问，为什么仅相隔片刻出生的双胞胎会有不同的性格时，一个更加直截了当的论点出现了。

在占据主导地位数百年之后，作为一门学科的占星术在17世纪后期土崩瓦解了。至少，在英国是这样，其中的部分原因在于占星术在英国内战中所起的作用。在1642年至1651年的内战中，国王查理一世被处决，奥利弗·克伦威尔被确立为英吉利共和国的护国公。1660年，查理一世的儿子结束流亡，被邀请回国加冕为查理二世，结束了这种短暂的共和国闹剧。战争期间，双方的占星师都忙于对胜利做出预测，这些预言显然是"写在"星星上的。不过，共和党方面的占星师是最喧闹、最成功的，毕竟他们这一方获胜了。诗人约翰·弥尔顿用天文学术语反映了这场宣传战：

群星之间爆发了战争，

两颗行星相向冲出恣意中伤，

在空中水火不容、势不两立，

战斗和战斗中相互撞击的星体令人十分困惑。

随着王政复辟，占星术在英国声名狼藉，因为它与预言保皇党的失败有关。不过整个欧洲也在发生变化，微观世界-宏观世界的哲学正被倡导对自然界进行仔细观察和测量的经验主义所取代。

如果没有内在的哲学思想的支持，占星术注定是要失败的。然而即使在今天提及夜空时，英语语言中仍然充斥着来自占星术的用语。占星师一度用"发光体"（luminary）一词来表示太阳或月亮，这是占星术的主要影响，这个词指的是一个因其渊博知识或显赫声名而能够激励或影响其他人的人。我们依旧在使用"星相整齐排列"来指代好运，使用占星术语来描述人们。这些术语可能是"土星的"（saturnine），意思是缓慢而阴郁的；可能是"水星的"（mercurial），意思是难以捉摸的；可能是"木星的"（jovial），意思是令人愉快和友好的；抑或是"火星的"（martial），意思是好战的。

当占星术在 17 世纪因受到教会的攻击而被削弱、终致崩溃时，它把我们与夜空的关系带到了一个分水岭——一些哲学家认为我们目前仍然在这个分水岭上徘徊。但要想看到发生这一巨大变化的必然性，我们必须再次回到过去，回到公元前 6 世纪的古典哲学家那里，在思想上与他们并肩而行，以期从夜空中提炼出某种含义。虽然这种做法在现代时期早已被取代，但它却衍生出基督教天堂中最经久不衰的形象之一：弹奏竖琴的小天使。

05

苍穹之音

从古典时代到中世纪

在公元前6世纪，伟大的哲学家毕达哥拉斯创建了一个秘密的致力于理智主义的学派。毕达哥拉斯学派认为，生命的目标之一是净化身体和灵魂。这样，当我们在尘世的生命结束时，我们不朽的灵魂就可以回到天堂。在这一追寻过程中，一个人对夜空的宇宙完美性了解得越多，他的生活和思想就会变得越有条理，他的灵魂就会为死后重返星空做好更充分的准备。毕达哥拉斯由此得出结论，我们对完美宇宙的研究将使我们自己变得完美，并最终与众神相提并论。但是，如果我们所能做的只是敬畏而惊奇地看着天空无休无止地循环，又怎么能真正地了解天堂呢？

一切皆数

相传，毕达哥拉斯在经过一家铁匠铺时，铁锤敲击铁砧的声音使他驻足顿悟。铁匠的每一次锤击都产生不同的音符，当铁锤落下时，有些敲击声竟然组合成悦耳的和谐之音，而另一些则组合成令人不快的刺耳之音。出于好奇，毕达哥拉斯冲进铁铺进行查看。

一进屋，他就发现之所以有不同的声音，是因为敲击的锤子重量不同。他让铁匠用不同组合的锤子进行敲击，看看哪些产生的是和谐之音，哪些产生的是刺耳之音。通过这种方式，毕达哥拉斯确定了最和谐的音程：八度音程、完美五度音程和完美四度音程。在检查锤子时，他吃惊地发现，在产生这些音程的锤子之间存在着极其简单的数学关系。对于八度音程，一个音锤的重量是另一个的一半；对于完美的五度音程，一个锤子的重量是另一个的三分之二；当一个锤子的重量是另一个的四分之三时，就产生了完美的四度音程。

这个故事的问题在于它不是真实的。

人们认为有许多观点都是毕达哥拉斯提出来的。然而，由于他没有一部作品以书面形式流传至今，我们就只能通过其他人的著作了解他的思想、方法和结论。已知最早版本的铁匠锤子的故事是在公元2世纪罗马时代的叙利亚（现在的约旦）数学家尼科马霍斯的著作中发现的。问题是，无论锤子有多重，它都不会影响音高，但是把锤子和铁砧换成不同长度的拨弦，这些数学关系就能得到证明。事实上，这正是接下来会发生的事情，也是故事中更可信的部分，据传毕达哥拉斯急忙赶回家开始自己做实验。

他制作了一种被称为单弦琴的乐器，只有一根弦悬挂在音箱上方，弦的一端由一个固定琴码支撑，另一端则是可调整琴弦松紧的调音桩，中间是一个活动琴码，可以改变弦的长度，从而改变弹拨时所产生的音调。

与空弦的音高相比，将活动琴码放在中间可以得到八度音程，把它放在琴弦的三分之二处就是完美的五度音程，放在琴弦的四分之三处则是完美的四度音程。这些简单的比例——1:2、2:3和3:4——给出了最和谐的音程，这对毕达哥拉斯来说是一个启示。事实上，这一发现似乎证明了他和他的追随者赖以构建其哲学思想的一个原则：自然界是数字关系的体现。

在学校里，我们学到关于直角三角形的毕达哥拉斯定理（勾股定理），即两条较短边长度的平方之和，等于最长边——斜边——长度的平方。这个定理不仅显示出一种神奇的三角形技法，还暗示了自然界的某种非同寻常之处：在隐藏的数字关系背后，形状和结构是物理的现实存在。如果我们将自然界转化为数字，就能够研究清楚这些数字关系。这就是毕达哥拉斯沿着琴弦测量琴码位置时对单弦琴所做的事情。

毕达哥拉斯深信数字是最重要的，并就此引出一句概括其哲学思想的话："一切皆数。"这是一种观念，这种观念认为，如果没有数字关系来界定形状和大小，一个物体根本就不可能存在。换言之，数字的抽象领域比物理领域更加必不可少。现在，这一信念成为所有现代科学的基石：通过测量将自然转化为数字，然后分析这些数字，找到数学关系（我们现在称之为物理定律），那么自然就是可以理解的。

毕达哥拉斯在单弦琴上的发现使他相信，音乐是一种可以应用于自然界的整体系统。他和他的追随者认为奇数和偶数是根本不同的东西，奇数代表限度和适度，因此被认为是好的，而偶数则代表没有限度的事物，因而被认为是坏的，因为如果对一个人的行为没有限制，那么可能就会导致其毁灭。毕达哥拉斯学派认为，只有音乐才能将二者结合在一起，并将其塑造成美丽、和谐的事物。他们的推理是，用以描绘和谐音程的每一个比率都包含一个奇数和一个偶数：完美四度音程为 3∶4，完美五度音程为 2∶3，八度音程为 1∶2。换句话说，音乐给毕达哥拉斯学派眼中截然不同的数量带来了秩序和平衡。

平衡对立的概念在毕达哥拉斯哲学中随处可见。在他的一个追随者菲洛劳斯的作品中，宇宙和宇宙中的万物都可以划分为有限的和无限的，具有一定形状和结构的天体是有限的，而广袤无垠的空间和时间则是无限的。为了让它们聚合在一起，毕达哥拉斯再次把目光投向了音乐。

他指出，只有当一个声音在另一个声音之前或之后，或二者同时产生时，才可称之为音乐。我们的耳朵判断这两个音符之间的区别——音程，进而判定它是和谐和愉快的，还是不和谐和不愉快的，然后音符之间的音程就可以用数学的方法表示出来。在思考如何将其应用于天空之后，毕达哥拉斯提出了"苍穹之音"（或称为"宇宙之乐"）这一概念。正如音阶上的不同音符是通过调整单弦琴上活动琴码的位置来实现的那样，不同的天体也会处于与地球距离不等的位置上。因此毕达哥拉斯认为，每个行星都会基于它与地球之间的距离发出一种相应的音调，这些音调汇聚在一起就成为一种响彻云霄的宏大的苍穹之音。

毕达哥拉斯和他那个时代的许多人一样，认为地球是宇宙固定不变的中心，一切都围绕着我们的世界旋转。由于恒星是距离地球最远的物体，所以毕达哥拉斯把它们之间的距离看作一个八度音阶，然后把其他天体看作音阶上的音符，由音程隔开。在今天的西方音乐中，人们通常使用七个音符的音阶，音符之间用半音或音调隔开。一个音调由两个半音组成，半音和音调的模式决定音阶是大调还是小调。

在毕达哥拉斯音阶上，一个音符代表一个天体：地球、月球、水星、金星、太阳、火星、木星、土星和其他恒星。这就形成一个八音音阶，音程模式是音调、半音、半音、三个半音、音调、半音、半音、半音。这些音程加起来就是一个八度的六个音（或十二个半音）。它们给音阶带来一种不安的小调感，如果所有这些音符同时响起，结果就是毫无和谐可言。

从此，一场长达 2 000 多年的艰险旅程开始了。苍穹之音的概念和对宇宙和谐的追寻被探索、扩展、锤炼和修饰，最后随着科学本身的发展壮大而被抛弃。在我们现代人看来，其错误在于，认为音程的数学对应式是不同间隔物体之间在自然界中具有的唯一数字关系。但对毕达哥拉斯来说，音乐是第一个以数字的形式被捕捉到的自然事物，他认为宇宙就是为了反映如此美丽的自然和谐而生的。

这一观点被载入两个世纪后柏拉图的《理想国》中。柏拉图接受了毕达哥拉斯的许多教义，在他的代表作中，他把苍穹之音看作夜空运行背后最重要的基本原则。为了防止这听起来有点枯燥乏味，柏拉图还把它与他的灵魂理论以及有一个审判神来决定我们命运的观念结合起来，然后把整个事情演绎为一个神话，在这个神话中正发生着一场激烈的大战。

战士额尔正在与不可战胜的困难殊死搏斗，当不可避免的事情发生时，他的身体倒在地上；然而在接下来的日子里，尸身并没有腐烂的迹象。第十二天，尸身被运到火葬柴堆上，他睁开了眼睛。他的灵魂神奇地回到了他的身体里，他的生命得以继续，他有一个故事要讲。

他去过来世，看到了天地之间的联系。他目睹了灵魂如何被审判，根据在尘世的所作所为，他们或得到褒奖，或受到惩罚。那些犯有轻罪的灵魂被带到阴间，以 10 倍之量为他们的罪行赎罪。善良的人会升入天堂并得到回报。然后这两群人被带到一起，每个灵魂都被要求选择一个新的生命，这样他们就可以转世返回尘世。

在返回尘世之前，他们看到了宇宙的真实排列。中心平放着一根纺锤，由希腊的命运、定数、必然女神阿南刻把持。围绕纺锤的是行星的轨道，所有这些行星的运行都由三位命运女神掌控，她们陪同阿南刻坐在旁边。每条轨道上都坐着一位海妖，海妖根据命运女神旋转轨道的速度唱着一个单纯的音符，这些音符混响在一起，便形成宁静与和谐的苍穹之音。

之后，那些转世灵魂被要求饮用遗忘之河的水。当他们睡着之后，关于审判他们的所有记忆就会全部消失，取而代之的不是在天堂醒来，而是投胎回到尘世。但这不是额尔的宿命，他没有被审判，而是被要求开口说话，把他的新知识告诉给人类。

这样写人们很容易忘记，苍穹之音的观点是出于良好动机而认真地研究自然的一次尝试。尽管这种观点早在科学方法得到承认之前就已经发展起来了，但它却具备科学方法的大部分特征。

我们现在所说的科学形成于 16 世纪和 17 世纪，建立在自然物体或现象的系统中清晰的数学关系的发展之上。这些关系被用来构建一个试图将这个系统看作一个整体的猜想，之后这个猜想被用来预测这个系统在未知情况下会如何运行，而后可通过观察或测量来验证这些预测。如果这些预测被证明是正确的，那么这个猜想就会被重新命名为一种理论；如果预测失败，那么就调整猜想，重新开始这种检验步骤。简而言之，这就是科学方法。

在苍穹之音这种情形下，数学关系是毕达哥拉斯所展示的与和谐音程相关联的关系，前提条件是天体的位置与音阶上的音符相对应，进行验证的预测可以看作对每个行星所发出音符的计算。

在关于这个主题的最早著述中，毕达哥拉斯及其追随者只关心代表天体的音符之间的音程、关系或距离。例如，据传毕达哥拉斯计算出地球和月球的距离为 126 000 个体育场，每个体育场代表的距离为 625 步。他把这种距离变成了一种天体音乐。虽说这无疑是一个良好的开始，但真正需要回答的问题是：月球发出的音高是多少？第一次有据可查的把实际音符值分配给不同天体的尝试来自尼科马霍斯的著作《和声论》(*Manual of Harmonics*)。

他的行星音阶基于一个七音符的序列，从音符 D 开始，向下穿过自然音符，平铺直叙的音符 B 除外。尼科马霍斯知道，琴弦振动得越快，发出的音调就越高，因此他将移动最快的天体指定为最高音符。所以在这种情况下，月亮是音符 D。

但这一猜想未能通过验证，因为如果将它们一起演奏，那么所产生的和音听起来会非常不和谐。[47] 这也许就解释了为什么其他人转向了希腊音乐理论的基本组成部分之一："更完整的音阶体系。"

这是一个涵盖两个八度音阶的音符序列，在这个序列中，某些音符的音高是固定的，而其他音符的音高则可以根据音乐家的个人喜好随机进行调整。不同的天体被分配给不同的固定音符，它们之间要么是一个完美的四分音符，要么是一个不同的音调，这使它们之间的和声距离变得更大，从而使合成的和音听起来更加和谐。

在另一个不同的体系中，《至大论》的作者托勒密不仅将天体囊括其中，还将地球分为四大经典元素——土、水、气和火，并认为这些元素也具有音乐内涵。柏拉图在《蒂迈欧篇》(*Timaeus*) 中，写了一些晦涩难懂的语句，学术界将其解释为行星的音程序列。

这些都是基于完美的毕达哥拉斯音程,因此月亮到太阳是一个八度音程,太阳到金星是五度音程,金星到水星是四度音程,水星到火星是一个八度音程,火星到木星是一个音调(四度音程到五度音程之间的距离),木星到土星是一个八度音程和一个五度音程。超过五个八度音程,确实就会出现非常和谐的一面。

人们第一次遇到这些不同的想法,很容易将其视为猜想而不予理会,但实际上它们只是相互矛盾的假设,应当加以检验。即使在今天,沉浸在科学方法中的现代天文学家也会提出许多相互矛盾的想法来解释一些令人费解的观测结果,然后进行新的观测从而确定哪一个是正确的。[48]

有些事情打动了古典哲学家,让他们感觉苍穹之音是美好的,因而也是正确的,这坚定了他们对苍穹之音的信念——尽管人们越来越明显地感觉这种想法过于简单了。例如,天文学家清楚地看到,行星的运动比最初想象的要复杂得多。行星并非夜复以夜地以恒定的速度运动,相反,它们会时而加速,时而减速,有时减速过多,以至于在继续向前运动之前,它们会自己向后空翻。所有这些行为都没有在天体和谐的各种音阶和格局中得到体现。按照今天的科学标准,这一观点的丧钟本应被敲响,但那时科学还处于婴儿期,人们还没有完全理解证据的重要性。

柏拉图甚至告诫人们不要试图去检测苍穹之音,他说天文学家和音乐家们把他们的课题看得过于字面化。他认为真正的知识只存在于抽象的、数学的关系当中,我们永远无法通过实验或观察来加以验证。他在《理想国》一书中写道:"美丽的天空只是一幅与天赐原作相去甚远的刺绣复制品,并没有传授给我们任何关于绝对和谐或事物运动的知识。"

换句话说，无论我们多么仔细地观察宇宙，或者多么深入地聆听音乐，我们完美的数学理论永远不会转化为物理现实，因为物质会以某种方式破坏它们。这成为古典思想的基石。公元前4世纪的哲学家亚里士多德在著作中告诉我们，天堂是完美的，而尘世则可能会是堕落的。这就引出了一种观点：天体由一种完美的物质，即一种被称为精髓或以太的"第五元素"构成。这种元素制造出完美的球形天体，以完美的圆形轨道运行，奏响完美和谐的音乐。

音乐的形成

苍穹之音的概念贯穿了整个古典时期，但直到中世纪伊始才得到进一步发展。在这个转变过程中，只有少数人坚持旧的知识方式，其中特别值得一提的是哲学家阿尼修斯·波爱修斯，他出生于公元5世纪晚期罗马的统治阶层，是中世纪最具影响力的哲学家之一。他在《音乐的形成》一书中详细描述了前面1 000年的音乐探讨，这本书成为后面1 000年的标准音乐参考书。它把苍穹之音的概念从哲学家那里转移到了音乐理论家身上，并为再一次尝试为占星术提供一个貌似合理的解释奠定了基础。

波爱修斯在书中将音乐分为三类，在这些分类中，只有一种——器乐——现在能被我们认作音乐。这是一种人类用乐器或声音创作的音乐，在波爱修斯看来，这是最低层次的音乐形式，因为旨在捕捉天堂本就存在的音乐的纯粹性是一种天生不完美的尝试。不仅如此，演奏乐器的人也是最低层次的音乐家，因为他们未必明白自己在做什么，他们比一台阅读手稿并机械地发出声音的设备好不了多少。作曲家的智力略高一筹，因为首先他们想象出了音乐，但即使是这样也不能确保他们知道自己在做什么。

波爱修斯把坐在观众席上、聆听音乐并理解音乐的人界定为真正的音乐家，尽管这一观念在今天看来有些与众不同。这种将音乐提升为一门智力学科的做法产生出它的另外两种分类，在这两种分类中，音乐的运用完全是智力上的，而不是为了从优美的曲调中获得愉悦。最高层次的是宇宙之音，即苍穹之音，在它之下的是凡尘之音，即人内心的音乐。

在讨论宇宙之音时，波爱修斯为我们平息了从一开始就困扰着这个主题的一场争论：苍穹之音是否听得见。

据说毕达哥拉斯在提出这一想法时声称宇宙之音是能够听到的，但显然我们其他人都听不到。毕达哥拉斯的支持者认为，这是因为我们对音乐已经习以为常，致使我们不再能够连续不断地意识到它的存在。其他人则认为这种音乐完全是理论上的，即使产生和谐音程的数学比率适用于行星之间的距离，那也并不意味着有实际音符产生。

亚里士多德认为，天体的大小和速度会产生巨大的声音，这声音会携带巨大的力量。他注意到巨大的声音可能会让固态物体支离破碎，由此推断既然地球一直存在，那么就说明宇宙中并不存在这样的声音。西塞罗却反过来认为，人的耳朵根本没有能力听到它——就像我们的眼睛没有能力直视耀眼的太阳光线一样。

波爱修斯在《音乐的形成》一书中认为，这些声音是真实的，但我们却听不见。虽然我们无法听到这种苍穹之音，但他提出自然界会与这首乐曲产生共鸣。根据波爱修斯的说法，这正是季节变化的原因所在，标志着苍穹之音的角色发生了重大变化。最初它只是说明了行星之间的距离，而现在波爱修斯提出，苍穹之音实际上是行星影响地球的占星术手段。

季节与音乐有关这一观念可以追溯到古代的东方。中国人确定了 F、G、C 和 D 四个系列音符，据传分别对应秋天、冬天、春天和夏天。根据一个神话传说，音乐大师程文（音译）可以通过拨动古筝上的两根弦来改变季节。

波爱修斯认为音乐来自天堂而不是某个人，但这一观念从根本上来看是一样的：音乐具有改变自然的力量。波爱修斯在他的第三类音乐——凡尘之音（人内心的音乐）——中讨论了音乐改变我们的能力。他写道："音乐天然地与我们结合在一起，无论我们多么渴望，都不可能摆脱它。"

这一观点至少可以追溯到公元前 5 世纪，当时柏拉图普及了这样一种观念：音乐不仅是宇宙不可或缺的一部分，也是我们心灵不可或缺的一部分。在柏拉图看来，音乐是人类灵魂的基本配置。通过音乐的和谐与不和谐，我们可以获得关于快乐和痛苦以及如何对这些刺激做出正确反应的第一教育。他指出，父母在试图让一个焦躁不安的婴儿入睡时，会轻轻地摇着婴儿唱摇篮曲，利用节奏和音调让婴儿安静下来。他写道："最为重要的是，节奏与和声会进入灵魂的最深处，并牢牢抓住它。"

正如占星术所证实的那样，有些现象显然与天象有关，比如涨潮和季节更替，因此我们有理由认为音乐是一种原始力量。我们都知道音乐拥有令人感动的力量，大调歌曲通常被描述为快乐的，而小调歌曲则通常是悲伤一些的情绪。只需选择不同的音符序列，即可产生不同类型的音调。一种组合生成大调，而另一种则生成自然小调。在小调中有两个稍微不同的序列，为我们生成和声小调和旋律小调，我们还可以选择其他序列，生成所谓的调式。所有这些在音乐特征上都有微妙的差异。

对古典哲学家来说，这些微妙之处决定了它们不同的情绪影响力。柏拉图甚至规定，人们应该听哪些音阶才能进入他们所选择的职业。例如，他建议士兵应该听希腊的多利亚调式或弗里吉亚调式，以便使自己更加强大。

将苍穹之音应用于如此广泛的场景，波爱修斯为它被大众所接受打开了大门。在整个中世纪和文艺复兴时期，将音乐作为连接夜空和人类灵魂的纽带这一观点非常普遍。莎士比亚在《威尼斯商人》中写道：

> 杰西卡，来坐下吧，
> 你看，夜幕上镶满了闪烁耀眼的繁星。
> 你看到的每一颗小小的球体，
> 都会在斗转星移中，像天使一般地歌唱，
> 似乎在应和着眼神明亮的智天使，
> 这美妙的和声存在于不朽的灵魂之中。
> 但是当这件腐朽泥泞的外衣将其严严实实地遮蔽，
> 我们就再也听不到它的声音。

这个观点在 15 世纪末意大利音乐理论家和作曲家弗兰基诺·加富里奥的作品中得到了充分的体现。在 1496 年出版的《音乐实践》一书的卷首插页中，加富里奥委托别人创作了一幅非同凡响的木刻版画。

书页中间画的是一条蠕动着的三头蛇，在蛇的尾部（页面顶

部），阿波罗坐在天堂的御座上，手持鲁特琴，旁边是拿着乐器的智天使。蛇的头部是尘世，被细分为土、水、气和火四大经典元素。沿着蛇蜿蜒的身体的右边排列的是行星，左边是希腊缪斯女神。在行星之间，苍穹之音被标记为在自然小调音阶序列中的音程，该音阶仅由从 A 开始的自然音符组成。这些音符以古希腊"大完整音列体系"中的名称在左手边被标识出来，但加富里奥并没有就此止步。

并非每个行星都有一个音符与之关联，而是有一个专门的音阶。这些音阶就是我们今天所知道的中世纪教会调式，每个调式都有不同的音乐特征，将它们囊括其中很可能是想通过不同的音乐调式对人类情绪的影响，把占星特质与行星关联起来。

这也反映了中世纪人们所听的音乐风格上的变化，音乐已经从单一的旋律线转变为包含诸多旋律，这些旋律共同发出丰富的和声。这种称为复调音乐的和声被视为专业作曲家的领域，而简单一些的单声部歌曲，无论体现出来的技艺多么精湛，却越来越被视为业余民间音乐。

在复调音乐中，人们发现音乐能够表达大量新的情绪和情感。而在加富里奥的作品中，这种丰富多彩的特点被苍穹之音所吸纳。根据他的图表，不是每个行星产生一个单一的音符来发出一个单一的天体和音，而是行星在按照它们的调式歌唱，这些不同的音符混合在一个不同寻常的、日新月异的复调当中，并对尘世中各种各样的事件产生影响。在这样的雄心壮志当中，我们看到了历史上对苍穹之音给出的最充分的表述。

这样一个丰富而复杂的系统意味着，大多数人不会试图逐个音符地去演绎宏大的天体复调音乐，而是满足于以纯粹隐喻的方式思考这种苍穹之音。有一个人不畏挑战，他就是 16 世纪德国的一位数学家，他想回到严格的苍穹之音的毕达哥拉斯数学根源。约翰内斯·开普勒认为数学是一种能够做到完全精准的语言，不同于那些总是可以进行解释的文字。作为一名虔诚的路德宗教徒，开普勒认为数学是上帝神圣的语言。这意味着行星的运动在本质上一定是数学的，从而也是音乐的，因为根据毕达哥拉斯的说法，音乐跟数字关系是同义词。

为了将行星运行转化为音乐，开普勒开始进行一项脑力劳动工程，这一工程永远地改变了我们与夜空之间的关系。

06

分水岭

科学革命的来临

坚固的穹顶

在 16 世纪早期，行星的运动仍然能够用追溯到公元前 6 世纪古典哲学家的一种方式来解释。这种解释方法基于天体或球体的概念，它们是一组透明的嵌套球体，由以太（第五元素）构成，携载着行星层层相套进行旋转。

在最早期的这些运行机制中，速度最快的天体也是最遥远的，位于外围的恒星壳层。它们大体上自东向西移动，每天绕行一整圈。包括太阳和月亮在内的古老星球以各自的速度在各自的轨道上越发缓慢地运行，这也解释了为什么它们在恒星的陪衬下夜以继日地向西移动。但是，与前一章的天体和谐一样，这个简单的运行机制无法解释星球的各种加速、减速和纯粹的原路折返运动。为了弥补这些不足，托勒密在他的《至大论》一书中提出了多种解决方案。

关于行星的原路折返，他认为每个天体的外壳都足够厚到容纳一个较小的天体，可称其为本轮，当较大的天体转动时本轮独立旋转。这两种运动共同将行星带上了一条螺旋路径，如此也就能够解释这种偶然现象了。

至于加速和减速，托勒密提议假设地球稍微偏离天球中心，也就是说，从我们的角度来看，行星好像在加速和减速。但托勒密的两个观点都没有准确地再现观测到的行星运行，许多学者也对地球偏离中心这一观点感到不安，因为它与亚里士多德的理论相矛盾，即地球是密度最大的，因此自然应当位于宇宙的中心。神学家也不相信，因为上帝将天堂安置在宇宙中一个空荡荡的去处毫无意义。然而，虽然这些问题尚未解决，但托勒密和亚里士多德的思想均已渗透到中世纪和文艺复兴时期的学术思想当中。

由于基督教和伊斯兰教的神学家均将托勒密的天文学纳入了他们的宇宙观，因此天球的概念更加广泛地进入公众意识当中。他们只是简单地将上帝添加为"原动力"（prime mover），其无所不能的力量首先会推动天体转动。天体运动的背后存在某种形式的智慧，这并非一个新的观点，但这些新神学家在恒星之外，把一个静止不动的天体视为上帝的居住地。因此就有了"七重天"（seventh heaven）这一术语，意思是那里才是真正的神界，而不是任何一个传统行星的领域。

大约公元1000年，在这场辩论的伊始，将基督教中的天堂与夜空关联在一起就已经成为基督教的核心教义。在此之前，古英语单词"Hefon"可能只是指夜空，"苍穹"（firmament）一词也被中世纪的基督教学者用来描述固定恒星的领域，基督教学者将其视为一个坚固的穹顶，是在宇宙的可见空间与七重天之间的边界。在这一观点的某些版本中，星星本身就是"苍穹"中的洞，天堂纯净洁白的光透过这些洞闪耀着光芒。[49]

尽管这些观点日益盛行，但仍有一些人受到托勒密模式的不足之处和不相容性的困扰，其中最为困扰的是在波兰弗龙堡生活和工作的天主教教士、天文学家尼古拉斯·哥白尼。

中心之火

在 15 世纪第二个十年，哥白尼收集了当时的天文观测表，然后自己进行观测，旨在对天空的排列方式提出新的观点。这些观点在一篇名为《短论》的文献中得到论述，起初他只是小心地向少数几个朋友展示，因为他的理论与托勒密和亚里士多德的教义相矛盾。哥白尼得出的结论是，如果太阳是宇宙的中心，而地球仅是围绕太阳沿着自身轨道运行的行星当中的一个，那么行星运动就可以得到更好的解释。这似乎自然而然地解释了为什么行星在天空中有时看起来像是在倒退。

想象一下，所有行星都在以太阳为中心的圆形轨道上，地球在第三轨道上，它的内侧是金星和水星，外侧是火星、木星和土星。水星和金星位于内侧的轨道，它们的运行速度比地球的运行速度快。它们领先地球时，就会与地球朝着同一个方向移动。但当它们到达轨道的另一侧时，从我们的角度来看，它们似乎正朝着相反的方向移动，因此它们看起来像是在远离太阳之后改变方向，朝着太阳往回移动。

火星、木星和土星在外侧的轨道上，它们移动得比地球慢，地球在追赶它们。当地球从内侧的轨道上超过它们时，我们的视线就会发生变化，从我们的角度来看，外面的行星像是在天空中向后移动。把这想象成我们所乘坐的一列火车超过了另一列火车，当我们超过时，速度较慢的那列火车看起来就好像是在倒退，但实际上我们都是在朝同一个方向行驶，只是速度不同而已。

地球绕太阳运行的想法是大胆的，但并不新奇。自古希腊时代开始，对地球静止不动的怀疑一再出现。在公元前 5 世纪，菲洛劳斯提出，日与夜都是由地球绕着一个看不见的中心点每天运行一次而产生的，这个中心点被称为"中心火"或"宙斯的瞭望塔"。正是鉴于此，更遥远的太阳和其他天体才会出现在天空中。虽然这并不是一个日心宇宙（太阳位于中心），但它确实恰到好处地将夜空的大部分运行变化归因于地球的运动（即使这种观点也并非完全正确）。

公元前 3 世纪，萨摩斯的阿利斯塔克提出了一种完全的日心说观点。他将"中心火"确定为太阳，并将其移至宇宙固定的中心，认为地球绕着它的轴线快速旋转从而产生了白昼和黑夜。在中世纪的伊斯兰世界，有一些天文学家也持有同样的观点，认为白昼和黑夜是因地球绕地轴自转而产生的。11 世纪伊朗天文学家阿布·萨伊德·西吉留下的现存信件清楚地表明，他就是根据这一假设开展工作的。[50]

然而，由于湮没于历史中的诸多原因，托勒密倾向于地心模式。也许是因为地球的中心位置额外包含太多的意义，比如亚里士多德的元素密度理论。无论什么原因，总之《至大论》成了标准著述，其中的地心说也为当时的宗教和文化所接受，这才使得哥白尼在发表自己的观点时非常谨慎。

继最初的小册子出版之后，这位波兰天文学家花费了几十年的时间来打磨他的完整学说体系，让它能够精准地再现行星在夜空中的运动。尽管他未能做到这一点，但他对自己的研究结果非常满意，并于 1543 年去世前出版了含有这一研究结果的《天体运行论》（关于天球的革命）一书。在引言中，哥白尼解释说，他的初衷是提供一个更精确的行星运行理论，以提高天文预测的精度，从而制定出更好的历法。

这是当时的一个主要关注点。天主教国家一直使用公元前 46 年尤利乌斯·恺撒引入的儒略历。这是一个一年以 365.25 天计的太阳历，这个历法的大多数年份持续 365 天，但每四年会出现一个多加一天的"闰年"。这是当时最为精确的历法，但含有一个小错误，即一年的平均时长不是 365.25 天，而是 365.242 17 天。这也就意味着儒略历把一年的长度多估算了约 11 分钟。在历法引入后的几十年里，这一错误几乎难以被察觉，但是到了 16 世纪，这一偏差的程度已非常之大，致使历法和季节相差 10 天左右，春分发生在 3 月 10 日或 11 日，而不是 3 月 21 日。这对教会非常重要，因为它干扰到一些特定宗教节日的确定，必须做点什么了。

欧洲各地的罗马天主教天文学家开始再次观测天空，重新测量关键时点，如二分点和二至点出现的时刻，以便更准确地计算一年的时长，并创设出更好的闰年体系。人们请出哥白尼来为这项工作做些贡献，他提出的日心说随后被德国天文学家伊拉斯谟·赖因霍尔德于 1551 年用来计算"普鲁特尼星表"。这个星表给出了恒星和行星在不同时间的最新位置，成为用来构建新历法的主要来源之一。

最后，大家一致同意每四年出现一次闰年，除了不能被 400 整除的世纪年。也就是说，1600 年和 2000 年是闰年，而 1700 年、1800 年和 1900 年则不是。这一微小的变化意味着，每 400 年就有 97 个闰年，而不是以前的 100 个。1582 年 2 月 24 日，教皇格列高利宣布了新历法。

为了使社会回归到与夜空运行相一致的轨道上来，旧的儒略历在一夜之间就增加了 10 天，然后就被新的格列高利历所取代。[51] 这项改变计划于 1582 年 10 月 4 日午夜进行，第二天早上将正式成为 10 月 15 日。尽管具有现实上的优势，但宗教争斗意味着并非所有人都热衷于这样做，尤其是那些信奉基督新教的国家并不愿意跟随罗马天主教的领导。

直到将近两个世纪之后，随着 1750 年《历法（新法）》的引入，英国及其殖民地才进行了调整。在瑞典，他们计划通过将 1700 年至 1740 年之间的所有闰年排除在外来逐步进行改单。然而不知何故，他们在 1704 年和 1708 年忘记了取消闰年，致使这个计划被完全放弃，并且不得不在 1712 年增加一天使之成为双闰年，使他们重新与旧历法同步。这场混乱终于在 1753 年 2 月 17 日午夜时分结束，当月的其余时间被删减，瑞典人醒来时已是格列高利历 3 月 1 日。

尽管哥白尼的日心说一直都很有用，但仍令教会当局感到困惑。在一直大力宣传天堂是围绕着以地球为中心的一组天体所构成的这种观点之后，所有教派当时都不愿承认自己错了，因为这样做可能存在把权威拱手让给天文学家的风险。结果，天文学家突然发现自己就像占星师那样受到同样的审视甚至是怀疑。

为了降低日心说在宗教界的受欢迎程度，哥白尼的书中被增添了一段匿名前言，这段前言在作者不知情的情况下被添加到书中印刷出来。几乎可以肯定的是，这一做法是在试图平息任何关于行星重新排列的潜在争议。

人们认为对这段前言负有责任的人，是监督最后印刷阶段工作的新教神学家安德烈亚斯·奥西安德。他写道，《天体运行论》只包含像数学公式一样的观点，这些观点不过是为了更好地预测天体运动，不应被视为地球的实际运行状况。他继续说，天文学家总是会选择最简单的假设，而哲学家则会选择他认为正确的假设，但两者都不会确切知道任何事情，因为真理只能通过神的启示被揭示出来。他试图用这些话让神学家们放心，他们保留着最终的权威，但天文学家们对他们的数学是一个骗局这一观点感到不满。

几个世纪以来，天文观测者已经开发出一套能够将夜空转换成数字的仪器，这为他们提供了运算所需的原始数据。这是一种充满智慧的与夜空产生关联的方式，能够推断出在一个人类永远无法企及的地方发生着什么。到了哥白尼时代，可使用的仪器包括直角器、星盘、浑天仪和象限仪。尽管在复杂度和精确度上各不相同，但它们的根本目的都是相同的，即根据地球上的一个固定位置，去测量出天体的位置。

然后，可以将这些测量结果与各种宇宙"学说"的预测——比如托勒密和哥白尼的预测——进行对比，以确定哪种学说最能再现测量结果。但是，一个学说总是只会与它试图重现的观测结果不相上下，在望远镜出现之前，这些仪器的使用很难达到真实的精度。

神学家和哲学家经常指责天文学家的误差。他们指出了天文学家发现测量行星运行的细节有多困难，他们说，如果没有这些，就很难区分呈现宇宙如何排列的那些不同模型。因此，作为一种权宜之计，神学家和哲学家认为干脆保留已经确立的模式。然而，哥白尼比他们更聪明，他指出行星运行的某个层面被忽视，显然这种观点使托勒密的地心说受到怀疑。

他观察了外行星的原路折返运动，注意到一个托勒密学说无法解释的新细节：火星、木星和土星的原路折返运动，只有在这些行星于午夜时分接近其最大高度时才会发生，除此之外，在其他任何时候都不会出现这种循环运动。哥白尼意识到，如果这是因为地球位于内侧轨道并领先于外侧轨道上的行星而造成的，那么在地球向前推移的那一刻，我们的地球会永远正好位于太阳和上面提及的行星之间。这就意味着远处的行星在天空中将永远位于太阳的正对面，从而使它在午夜时分出现在最高点。

意识到这一点后，哥白尼明白地球不得不处于运动当中。然而，无论他如何努力，都仍然无法使他的学说完全再现行星的运行。依后见之明，我们能确定的原因是，他仍然保留了天球这一概念，也就是说他保留了行星以完美的圆形进行运动这一观点。这是哥白尼视而不见的一个错误，以至于最终不得不诉诸引入他自己的本轮观点，这可比他试图简化的托勒密学说要复杂得多。不过，他已经确定地球确实在太空中处于运动状态。

他的《天体运行论》一书的销量只有几百本，而不是几千本，这让一些历史学家认为这本书的出版是失败的。然而，真相却更加微妙。20 世纪的天文学家和历史学家欧文·金格里奇花费 35 年时间，找到了大约 300 本留存下来的第一版和第二版《天体运行论》，以图寻找读者在页边空白处所做的笔记。在这个过程当中，他发现这本书在表达上专业性很高，当时所有的主要天文学家都读过它，他们在书本上所做的笔记表明他们非常认真地阅读了书中内容。[52] 其中一位读者叫约翰内斯·开普勒，他于 1571 年出生于施瓦本（现属德国）的魏尔镇。

完美多面体

开普勒对夜空的兴趣在他 6 岁时就被点燃了，当时他的母亲带他到外面看一颗划过长空的巨大彗星。他在就读蒂宾根大学期间，邂逅了关于行星的哥白尼学说，以及占星术观念。他通过在同学们身上练习逐渐能够熟练地进行占星预测，不过对他影响最大的按理说是他接受的神学教育，因为到头来，他还是想成为一名路德宗牧师。

然而，他却被说服去格拉茨教书，一到那里他就有了灵感，并因此发现了行星轨道的真实形状。他凝视着夜空中最美丽的景象之一，即所谓的木星与土星之间的相合（"大合"）。这些都是非常罕见的天象，每隔几十年，只有当木星领先土星时才会发生一次，这两颗明亮的行星似乎在夜空中越靠越近。木星闪耀着明亮的白色光芒，而土星则显示出不易被觉察的赭色阴影。这种两星大合因其在天空中的运行轨迹，而在占星术上被认为具有重要意义。

形成这种模式纯属偶然，而且也是源于每相隔 18~20 年就会发生一次大合这样一个事实。由于土星绕太阳公转一次大约需要30 年，也就是说，在两次大合之间，这个被环绕的行星会在轨道上大约运行三分之二的距离，或者说在天空中向远处横跨大约240°。在五六十年的时间里，三次大合会在天空中形成一个等边三角形，占星师称这个三角形为三宫之一组。由于三角形上的每个点都归属于黄道带上不同的星座，所以占星师认为这是大自然在告诉他们，这些特殊的星座以某种方式联系在一起。

更加微妙的是，土星并没有在每个三宫之一组相隔期间完成两次绕轨运行，也就是说它不会完全回到它的起始位置，这使每个相继形成的三宫之一组沿黄道带位移 7°～8°。由于占星师将黄道带分为 12 个星座，每个星座的宽度为 30°，因此每四个连续的三宫之一组会运行到同一组星座当中，然后再继续运行进入下一组星座。由于有 12 个黄道星座，也就是说如果三个星座一组的话，会有四组星座。每个三宫之一组都与四大经典元素中的一个相关联。土的三宫之一组是白羊座、狮子座和射手座，水的三宫之一组是双子座、天秤座和水瓶座，气的三宫之一组是金牛座、处女座和摩羯座，火的三宫之一组是巨蟹座、天蝎座和双鱼座。

对占星师来说，这种整齐划一就是在暗示一种深层的含义。第一次对认为这些相合具有重要性的观点给予明确的评论，出现在 8 世纪和 9 世纪巴格达穆斯林占星师的著作中，尽管他们所写的观点可能来自几百年前的伊朗。[53] 三宫之一组从一组星座运行到下一组星座的年份被赋予了特殊意义，每四次三宫之一组就会出现一次这种情况，或者大约每两个世纪发生一次，人们认为这是发生历史性变化的时刻。然而，最具重大意义的是整个周期已经过去而又一个周期即将开始之际，这种情况每 800 年左右发生一次，根据占星师的说法，它们将历史划分为若干"伟大时代"。

基督教占星师和神学家认为，从《圣经·创世记》所述开始，已经存在过六个"伟大时代"，分别是以诺、挪亚、摩西、以色列十个部落、罗马帝国和耶稣基督诞生，最后是查理大帝建立的神圣罗马帝国时代。1583 年，在开普勒的青少年时期，又一个周期开始了，这个周期被盛赞为"重大天象"。[54]

1583 年的相合标志着自耶稣基督诞生以来仅有的第二个伟大时代，并引发出预测欧洲社会各种厄运的一系列出版物。有一种持续不断的思潮断言，《圣经》中的最终审判即将到来。为了遏止公众关注度的持续上升势头，教皇于 1586 年发布训谕禁止所有占卜，但预言仍在继续，特别是在新教国家。到了 16 世纪 90 年代，当莎士比亚写作《亨利四世》时，他在第二幕第四场中的描述，不是在嘲讽那次公众的骚动，就是在回忆。在那场戏中，王子和波因斯这两个角色讨论了土星和金星在"火焰三宫之一组"中相合的含义。

开普勒的兴趣集中在木星和土星的轨道似乎就是为了实现大合而加以布局安排的这一事实上，他猜测，是上帝在创世过程中精确无误地将它们放置在这些轨道上。及至16世纪90年代，他还认为上帝赐予他直觉，让他能够感知到形成行星位置的根本原因是，像脚手架一样将行星分开的那些无形的几何图形。

开普勒在提出这一想法时，从柏拉图的著作中获得了灵感。在《蒂迈欧篇》中，柏拉图描述了五种"完美多面体"，这些多面体是通过将二维等边线组合在一起构成的三维形态。在这个体系中，6个正方形可以组合成一个立方体，4个等边三角形可以组合成一个金字塔状的四面体，[55] 8个等边三角形可以组合成一个八面体，12个五边形组合成一个十二面体，20个等边三角形组合成一个二十面体。这是仅有的五种可能的完美多面体，柏拉图认为前四种是由经典元素即土、水、气和火构成的微观形态。第五种形状，即二十面体，是天上的以太。

开普勒认为是更大型号的柏拉图多面体将行星天体分开。他计算出土星和恒星的球体可以用立方体隔开，木星和土星的球体可以用四面体隔开，依此类推。为了证明他的重大猜想，即追随哥白尼把太阳置于行星的中心，他从符滕堡的弗里德里希一世那里筹措资金，准备按照他的想法用白银制作一个实物模型，并准备将这个模型矗立在公爵宫殿大厅的入口，在那儿它会成为一个话题。开普勒甚至承诺管道将是中空的，这样它就可以当作一个饮料机使用。每个模型都装有一种饮料，用以反映它所支撑的那颗星球在占星术上的特性。如果是土星的模型，则意味着其中装满了劣质啤酒或软木塞葡萄酒，公爵可以从这尊雕塑中为他的客人奉上一杯欢迎的饮品，并奚落说，那些没有受过足够教育的人，才会选择土星杯中的饮品。

模型的部件按照开普勒给出的精确规格制造出来，并运至宫殿以备施工，但是灾难发生了，这些部件不相匹配，错误在于他遵循了行星轨道是圆形的这一哥白尼假设。开普勒羞愧难当，他把银质模型部件当废品卖掉，然后回到画板前，决心弄清楚到底出了什么问题。愧疚感和窘迫感使他更加努力地寻求最后的突破，而这一突破将会引发一场科学革命。

世界的和谐

开普勒意识到，他不仅要研究行星轨道的大小，还要研究它们的真实形状。然而要做到这一点，他所需要的是他没有的东西：一批数量和准确度在人类历史上均独一无二的、被小心翼翼保管着的天文观测资料，这批观测资料属于丹麦贵族第谷·布拉赫，是他毕生的心血。但它们当时的状态令它们毫无用处，它们在一长串的像天体间的角度这样的分类记账中无精打采，只有在使用天文模型进行艰苦的分析之后，这些观测资料才能揭示每个行星轨道的大小和形状。

当时第谷年事已高，他迫切地想了解这些轨道，以便能够预测行星未来的位置，从而以他的遗产这一名义留给人类一份精确的天体年鉴。然而，他没有足够的数学天分来剖析自己的观测数据。表面上看，开普勒和第谷是天造地设的一对儿，开普勒有脑力，第谷有数据，但当两人于 1600 年 2 月 4 日在布拉格附近的贝纳特基城堡会面时，问题很快就暴露出来了。

第谷坚持旧的地心说，而开普勒则确信哥白尼是正确的，他们陷入了激烈的争论。两人都需要对方，但都无法接受对方的不同观点。最后，悲剧发生了。

第谷突然死亡，可能是死于膀胱感染，在由此引起的混乱中，开普勒窃取了观测数据并逃之夭夭。然后，他花了几十年的时间全力研究这些数据，进行了成千上万页的计算，打着一场后来他称之为"他与火星的战争"，直到他找到能够完美再现火星在夜空中运行的一个数学图形：它是一个椭圆图形，而不是正圆。发现这一图形的关键是在运算中首先要消除地球自身轨道的影响。他一旦这样做了，所有的逆行圆环就都消失了，留下的是火星的真实运行轨迹。受到这一次成功的尝试的鼓舞，开普勒分析了其他行星的观测结果，发现它们也是沿着自己的椭圆轨道运行。最后，他发现只需要用三行运算就可以概括所有行星的运行路线，这被称为"开普勒行星运动定律"（开普勒定律），它们迄今仍然是所有天文学专业最先教授的知识之一。

开普勒第一定律是行星在围绕太阳的椭圆轨道上运行；开普勒第二定律是对一颗行星如何根据它在轨道上所处的位置来加速和减速所做的数学描述；开普勒第三定律将行星的平均速度与其轨道大小关联在一起，表明距离越远的行星，其运行的平均速度就越慢。

毫不夸张地说，这些简单的定律正是历史的分水岭。开普勒定律适用于围绕太阳沿轨道运行的每一颗行星，包括开普勒当时甚至都不知道其存在的那些行星，这些行星数百年后才被发现。

开普勒定律也能说明在过去几十年中，我们的现代望远镜所发现的数千颗行星为什么会在围绕其他恒星的轨道上运行。

除了被这些成就引发的科学研究外，文化价值也是不可估量的。第谷·布拉赫在测量恒星位置的过程中，捕捉到了自然规律并将其转化为数字，然后开普勒使用数学运算把这些信息提炼成有意义的东西——行星运行的精确模型。这是对知识力量的一次惊人的召唤，证明了能够揭开夜空神秘面纱的不是宗教经文，而是测量和智慧。

开普勒集其思想之大成，于 1619 年出版了名为《世界的和谐》一书，他在该书中将行星的各种椭圆轨道转换成音阶。

根据开普勒的看法，行星轨道的椭圆度决定了它音阶上的音符范围。例如，水星运行的路径椭圆度最高，因此它涵盖了最大范围的音符。而另一方面，金星的运行轨道与一个完美的圆圈几乎没有什么区别。开普勒说，如果它有一个音符范围，那么这些音符必定被一个极度不和谐的微小音程所阻隔。

他说，地球位于两个音符之间将其隔为半音，他甚至将这些音符称为 11 世纪音感训练系统中的音符名称 Mi 和 Fa。开普勒对生活中的困难一度感到绝望，他认为 Mi 和 Fa 是充满苦难和饥荒的尘世中最完美的音符。

除了界定行星能够歌唱的音符范围外，他还为这些行星指定了音域，水星是女高音，地球和金星是中音部，火星是男高音，木星和土星是男低音。

像加富里奥一样，开普勒认为随着行星的运行，就会产生复杂的复调乐曲，那是一首赞美诗——一种交织在一起的声音，它产生的和声变幻无穷。他意识到，当这六条线交织在一起时通常会产生不和谐音，但开普勒仍充满希望地认为存在转瞬即逝的悦耳的音律和美妙的时刻。

他还意识到宇宙音乐中会有一些其他东西稍微有点格格不入。来自每个行星的音符从这一个到下一个，听起来不会是断断续续的，而是会像警笛声一样从一个滑入另一个。这是因为行星在其轨道上运行时是平稳的，而不是从这一步跳到下一步。

开普勒需要解决的另一个问题是，这些音乐是否重复过。要做到这一点，行星必须定期地回到它们的初始状态，而开普勒意识到，使六颗行星同步做到这一点几乎是不可能的。因此，他提出，上帝在创造宇宙的过程中安置这些行星就是为了生成完美的节奏，但这种令人愉悦的和声永远不会重复。

开普勒以音乐术语来诠释行星轨道无疑是人类思想中最伟大的结晶之一，随着其他人对他的作品越来越了解，他们质疑了这种对知识进行粉饰的必要性。开普勒定律可以用纯粹的数学方式来预测行星未来的位置并猜测它们过去的位置，这是了解夜空所需要的基本信息，它只依赖于数学，而不是音乐。

认识到这一点后，音乐主宰宇宙的观点便土崩瓦解了，那些追随开普勒的自然哲学家与今天的科学家越来越难以区分，因为他们开始试图以数学关系而不是音乐关系来了解天文学和自然界的其余部分。1623 年，意大利天文学家伽利略——我们很快就会与他"相逢"——在他的《试金者》一书中表达了这种观点。

只有在我们学会了宇宙的语言，并熟悉书写它的文字之后，我们才能读懂宇宙。它是用数学语言写就的，字母是三角形、圆形和其他几何图形，没有这些就意味着，人类不可能明白哪怕是一个单词。没有这些，人们会在黑暗的迷宫中一直徘徊。

开普勒还没有完成重塑我们对夜空的认识这一任务，就要研究下一个问题：行星为什么会移动。开普勒知道，基于第谷在1577年的观测数据，携载着行星的天球这一观点无法再站得住脚。当时那个丹麦人观测到的彗星与令开普勒对夜空产生兴趣的彗星是同一颗。开普勒在那个时候还只是个孩子，而第谷已经在丹麦汶岛上指挥着一群天文学家，开始建造一座令人啧啧称奇的天文观象台供他们使用。这座观象台被命名为乌拉尼堡，是为了向希腊的司天女神乌拉尼亚致敬，主要由大型手持落地式观测仪器构成，包括一个直径为1.6米的浑天仪，一个直径为2米的象限仪，以及一个直径长达3米的大型简易浑天仪。通过这些特大尺寸的观测仪器，第谷测量角度的精确度提高了，因为刻度大了许多。[56]他们在望远镜发明之前就在做这些工作，那些娴熟的天文学家已经能够测出百分之一度跨度的角度。他们测量的一年的长度，与现代测量值相差不到一秒钟，地轴的倾斜度则相差在百分之一度以内。

在那个历史时期，大多数人认为彗星是大气效应。德国画家、天文学家格奥尔格·布施甚至发表了这样一种观点，即彗星"是由从地球上升起的人类的罪恶和邪恶形成的，它们形成了一种气体，并被上帝的愤怒点燃。这种有毒物质再次落到人们的头上，引起各种灾祸，比如瘟疫、猝死和恶劣天气等"。

第谷对这颗彗星的观测是用一个65厘米的铜制象限仪进行的，开普勒对观测结果进行分析后发现，这个天体正畅通无阻地穿过其他行星的轨道。因此，不可能像托勒密假设的以及世界范围内广泛接受的那样，存在携载着行星的固体天球。开普勒并未就此止步，他和第谷给天文信仰的另一个核心支柱，即天堂是完美的，是亘古不变的以致命一击。这种观点由亚里士多德提出，他认为上帝（完美的存在）除了完美的天堂，不会创造出任何其他形式的天堂，这就是星星会日复一日、年复一年地待在它们的星座中保持不变的原因。

然而，开普勒和第谷都看到天上有超新星出现。这些以"超新星"著称的恒星在 20 世纪被证明是发生喷发甚至爆炸现象的恒星，它们只是暂时变得非常明亮，以至于我们用肉眼也能够看到。但对于第谷和开普勒，对于当时的国王和领导者以及普通民众来说，超新星的突然出现非同寻常。开普勒和第谷的发现对亚里士多德关于神圣不变的天堂这一观点来说是一个沉重的打击，因为任何感知到的变化都意味着远离完美，或者说它们从一开始就不完美。当第谷在 1572 年看到他的超新星、开普勒在 1604 年看到他的超新星之后，两人都努力对这种结果加以解释。最终，他们均认定自己所看到的天象具有占星术和宗教意义。

第谷将他看到的超新星与 1583 年的相合关联在一起，虽然他没有做出具体的预测，但他警告说这种天象后果将会持续几十年。开普勒在 1604 年看到的超新星出现的时间和在空中的地点颇易引起争议，因为恰逢木星和土星相合。这是火相星座中发生的第一次大合，据说这次大合标志着一个新的伟大时代的开始。巧合的是，当时地球恰好领先于木星，致使木星看上去像是在天空中折返，从而导致连续三次相合，木星看起来往回绕行时第二次经过土星，当木星再次继续向前运行时则是第三次经过土星。然后，就当这出戏快要结束的时候，开普勒看到超新星出现在相合点附近。[57]

开普勒判定这一切都具有重大的宗教意义，它一定是作为上帝向地球传递的信息才被创造出来的。毫无疑问，考虑到预言中的最后审判，他敦促他的《新星》（*De Stella Nova*）这部著作的读者为他们的罪恶忏悔。当然，并没有多么巨大的灾难降临，但当开普勒在 1609 年发表了他的前两个行星定律时，一场惊天动地的另类事件已显露端倪，这一事件将会永远改变我们对宇宙的看法。

星际信使

伽利略是意大利帕多瓦大学的数学、几何和天文学讲师。1609年，他听说荷兰眼镜制造商汉斯·利伯希发明了一种可以放大远处物体的仪器。他于当年 5 月中旬左右听到这一传闻后，就立即着手研磨镜片，看看是否能复制这样一个仪器。

经过一整个夏天和一整个秋天的辛苦劳作，在 11 月 30 日的日落时分，伽利略举起他的发明物——望远镜——并将其对准夜空。他对准上弦月，观察阳光如何在月球表面蔓延。他绘制了未来 5 天的月球运行图，发现月球表面多山而且满是陨石坑。[58] 12 月18 日，他将望远镜对准银河系，当看到模糊的光带细分为多个星星时，他又一次有了发现。1610 年 1 月 7 日，他在对木星进行观测时，发现有三颗"恒星"离木星很近。第二天晚上，他注意到这三颗星星的位置发生了变化，形状也随之改变。他立刻意识到他正在见证一些前所未有的事情，但乌云令他第三天晚上继续观测木星的"强烈愿望"受阻。他继续观测，很快就在木星附近发现了第四颗"恒星"。仅仅 5 天之后，他意识到这四颗"恒星"在

图 1－1　发现于现今德国的施塔德尔洞穴中的狮子小塑像。这座"狮人"雕像，是狮子与人类的糅合，显示出制作它的早期人类具有可以构想出现实中并不存在的事物的能力

图 1-2 伊尚戈骨，1960 年发现于刚果共和国。它展示了一组考古学家以不同方式加以解释的标记，包括作为阴历记录的可能性

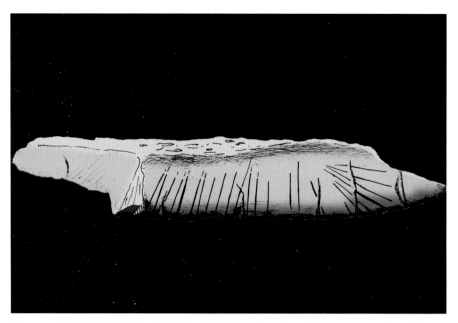

图 1-3 在德国图林根州比尔津斯莱本史前遗址发现的大象胫骨的示意图。胫骨被雕刻成两组平行线，有研究人员认为这可能是阴历月份的记录

图 2-1 纳布塔－普拉亚石头圆圈是世上最古老的石圈之一。研究人员认为，这些石块构成了一些天文排列

图 2-2 2005 年 6 月 21 日，夏至日，众多游客在巨石阵等待日出。巨石阵已成为石器时代文化的象征

图 2-3 这块年代在公元前 1124—前 1100 年之间的石灰岩库杜鲁（界碑石）刻有包括太阳神沙玛什（图中以太阳圆盘代表）在内的九位神祇

图 2-4　这幅图画来自拉美西斯六世的陵墓，描绘的是埃及天空女神努特每天晚上将太阳吞下，然后太阳在夜间穿过她的身体，于黎明时分获得重生（Hans Bernhard/Wikimedia）

图 2-5　著名的吉萨金字塔。三座大型金字塔的方形基座精准地排列在正南正北和正东正西的方向上

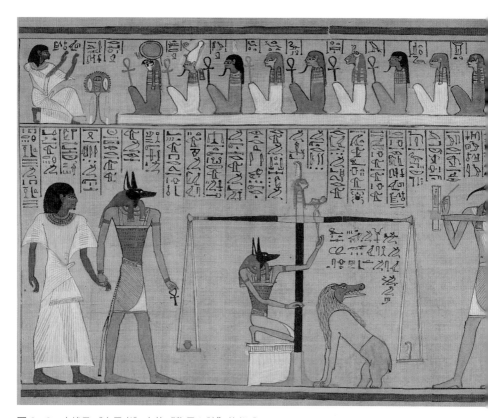

图 2-6 古埃及《亡灵书》中的"称量心脏"的仪式

（下页图）

图 2-7 洪水给尼罗河沿岸带来了肥沃的土壤，古埃及农业发达。人类社会向农业的转变被称为新石器革命

图 3−1 现存于巴黎卢浮宫的丹德拉星图。这是一幅浅浮雕，在埃及丹德拉哈索尔神庙的天花板上被发现，以立体表达法描绘了夜空中的各种细节

图 3−2 丹德拉星图版画。星图是古代人类与夜空存在联系的又一个明确实例

图 3-3 法国拉斯科洞穴中的公牛厅壁画，一直受到天文学家极大的关注

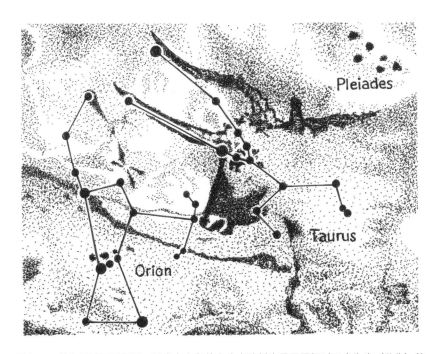

图 3-4 公牛厅壁画示意图。图像右上角的六个点映射出昴星团相对于金牛座（公牛）的位置。也有人认为，公牛面前正对着的四个小点可能象征的是猎户座腰带上的星星

图 3-5 昴星团或称"七姐妹"的现代望远镜图像,它们是整个夜空中唯一明显紧密相互依偎在一起的星群

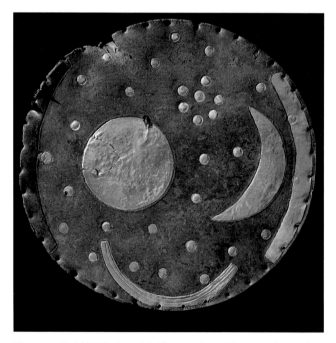

图 3-6 内布拉星象盘,直径约 30 厘米,重约 2.2 千克,通常被视作夜空的象征。星象盘显示的是大约公元前 1600 年的太阳(或满月)、新月、群星和昴星团

图 3-7 这幅托勒密《至大论》一书中的星表卷首插图，由约翰内斯·米勒·冯·科尼格斯伯格创作，描绘了作者与托勒密进行天文学讨论的场景。他们头顶上方的天球标注着不同的黄道星座

图 3-8 公元 2 世纪的阿特拉斯雕像，在意大利那不勒斯国家考古博物馆展出，阿特拉斯肩扛天球仪的地方，天空一片空白，这表明西方星座的创建者身处地中海地区，因此看不到最南端的那部分天空

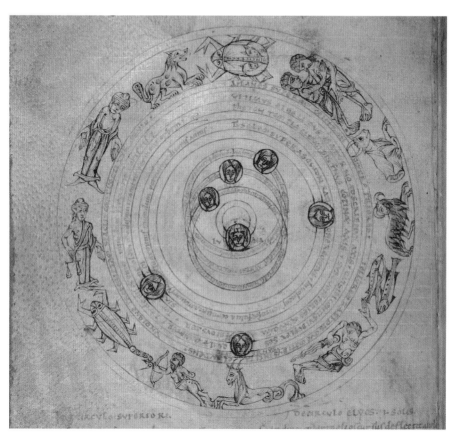

图 4-1 公元 11 世纪的中世纪手稿中的黄道带与古典行星图案，七张脸代表七颗行星

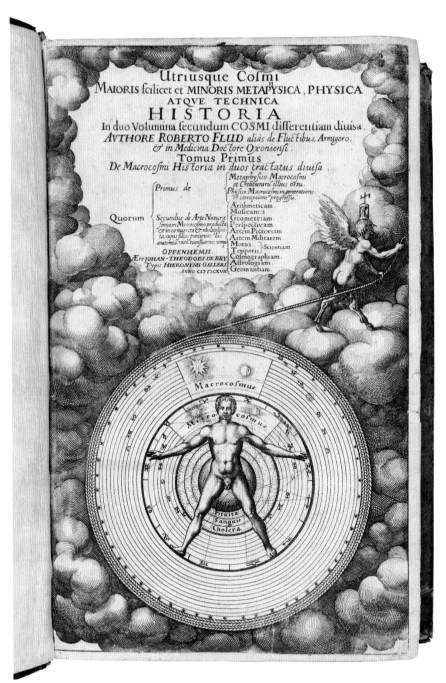

图 4-2 罗伯特·弗卢德的《乌托邦宇宙史》（*Utriusque Cosmi Historia*）的卷首插图将人类描绘成宇宙宏观世界中的一个缩影

图 4-3 林堡兄弟绘制的《人类解剖图》。在中世纪，人们普遍认为黄道星座主宰着人体各部位的健康

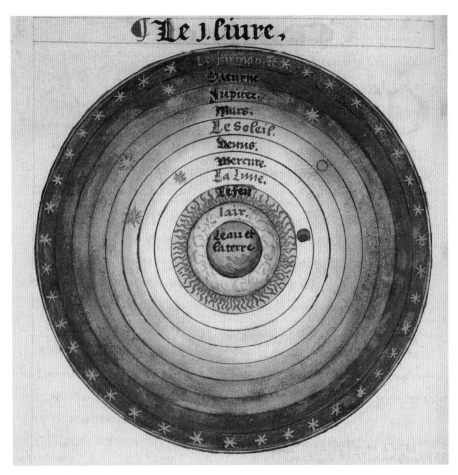

图 5-1 希腊人的宇宙观，图摘自奥龙斯·菲内 1549 年出版的《世界的范围》。至少自公元前 6 世纪开始，古希腊的自然哲学家们就开始了对宇宙结构的探讨

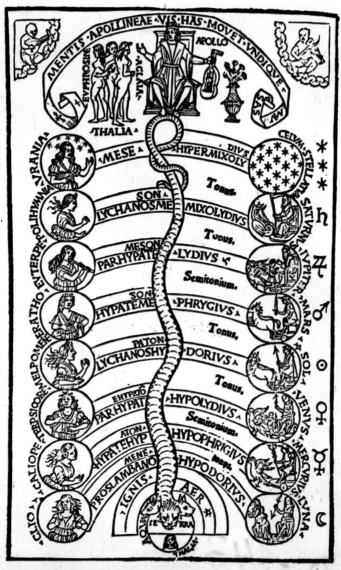

Apollon préside à la musique des sphères.
Symbolisme de l'octave et concordances.

d'après F. Gafurius, *Practica Musicae*, 1496
Revue d'histoire du théâtre 1959-2

图 5-2 《音乐实践》一书的卷首插画，弗兰基诺·加富里奥通过在自然小调音阶上将行星与音符联系起来，描述了苍穹之音这一概念

图 5-3　卡普拉罗拉的星座湿壁画，位于罗马法尔内塞宫，1575 年绘制，作者不详

图 6-1 伊斯兰教信仰中的天使举起天球。图摘自 16 世纪下半叶的一份波斯手稿

图 6-2 乔万尼·迪·保罗于 1445 年为意大利锡耶纳的一座教堂创作的《创世记与逐出伊甸园》。画中宇宙呈同心圆状，处于画面左上角的上帝推了最外圈天球一把，以使整个宇宙转动

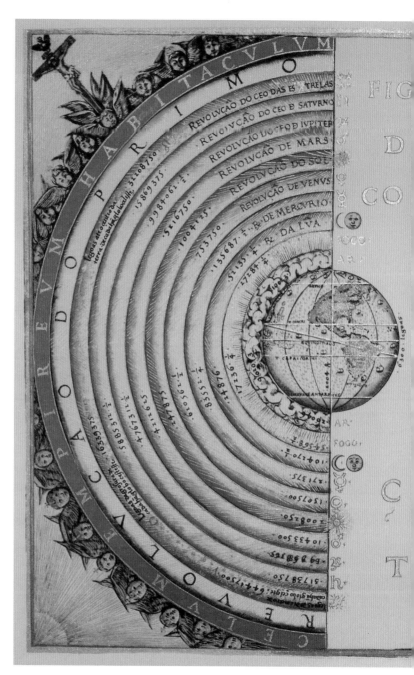

图 6-3 葡萄牙宇宙学家巴尔托洛梅乌·维利乌（Bartolomeu Velho）于 1568 年绘制的地心说宇宙模型图，该图目前收藏于法国国家图书馆

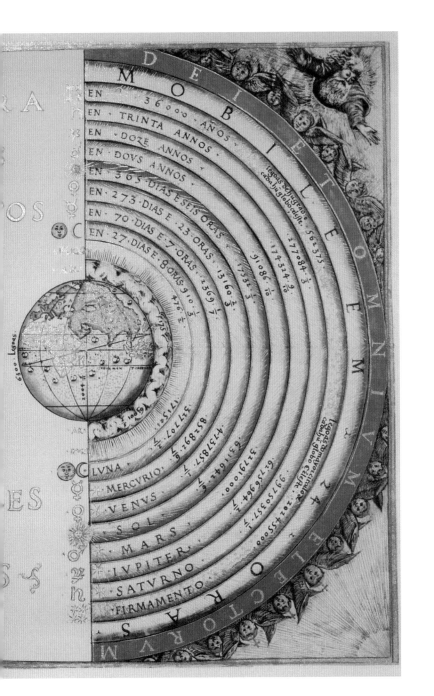

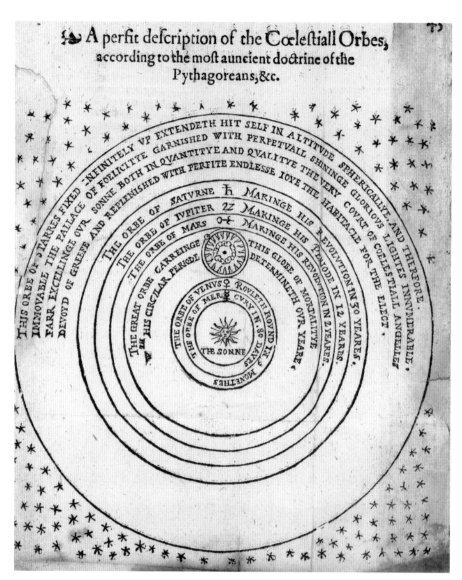

图 6-4　英国数学家托马斯·迪格斯的《天体轨道的完美描述》(1576) 中的插图。迪格斯支持哥白尼的学说，并认为宇宙是无边无际的，宇宙中存在无数的恒星

图 6-5 第谷·布拉赫在赫文岛被称为"星堡"的天文台里。天文台配备了最新的设备，其中就包括他自己发明的用来测量两颗恒星之间夹角的六分仪

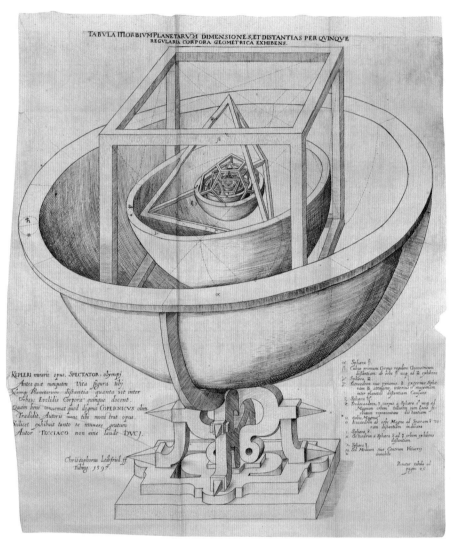

图 6-6 在《宇宙的奥秘》（1596）中，开普勒展示了其宇宙模型。他认为，宇宙的构建基础可能是三维立体几何形状 ——"柏拉图多面体"

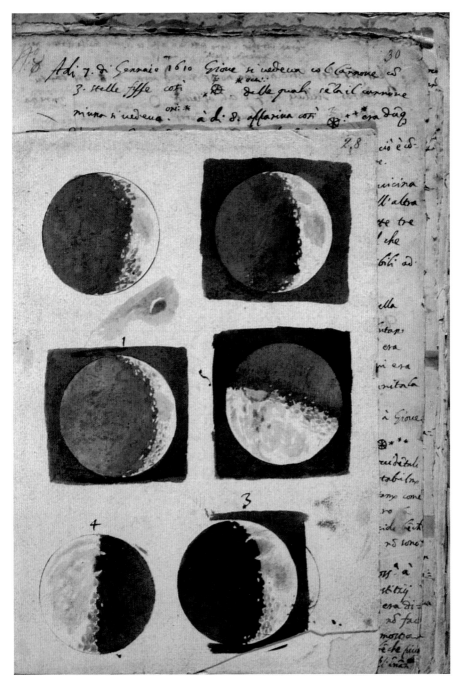

图 6-7　伽利略通过望远镜发现月球是一个与地球相似的山地世界。这与当时人们公认的月球是由一种叫作以太的天体物质构成的完美球体这一观点相矛盾

图 7-1 《带有行星轨道并附有彗星的太阳系格局图》，由英国神学家威廉·惠斯顿根据哈雷的彗星表绘制。当时的人们认为，大洪水和其他灾难都是彗星带来的

图 7-2　这幅木刻画展示的是昂西塞姆陨石坠落时的情形，根据目击者的证词，这是最古老的陨石，其陨落时间可以精确到 1492 年 11 月 7 日正午时刻前几分钟

图 7-3　1550 年前后出版的《奥格斯堡奇观集》的插画。下面的文字为："公元 1300 年，一颗可怕的彗星出现在天空中。而在这一年的圣安德鲁日，一场地震撼动了土地，导致许多建筑物倒塌……"

图 8－1 德比的约瑟夫·赖特绘制的一幅图画，名为《哲学家正在做关于太阳系的讲演，并用一盏灯代替太阳》，这幅图展示了 18 世纪大众科学认知的兴起

图 8－2 亚当·沃克和他的几个儿子用壮观的机械装置——"太阳系仪"，以及他们对宇宙充满诗意的描述令观众心醉神驰

图 8-3 1845 年，第三代罗斯伯爵威廉·帕森斯在爱尔兰奥法利郡的比尔城堡建造了当时世界上最大的望远镜

图8-4 凡·高的代表作《星空》，这幅画是他住在法国普罗旺斯的圣保罗·德·莫索尔精神病院期间灵感迸发创作而成

图 9-1 1638 年，弗朗西斯·戈德温主教出版了《月中人》一书，书中描述了对距离我们最近的天体邻居进行探索可能会是什么情形。卷首插画描绘的是一个不太可能发生的情景

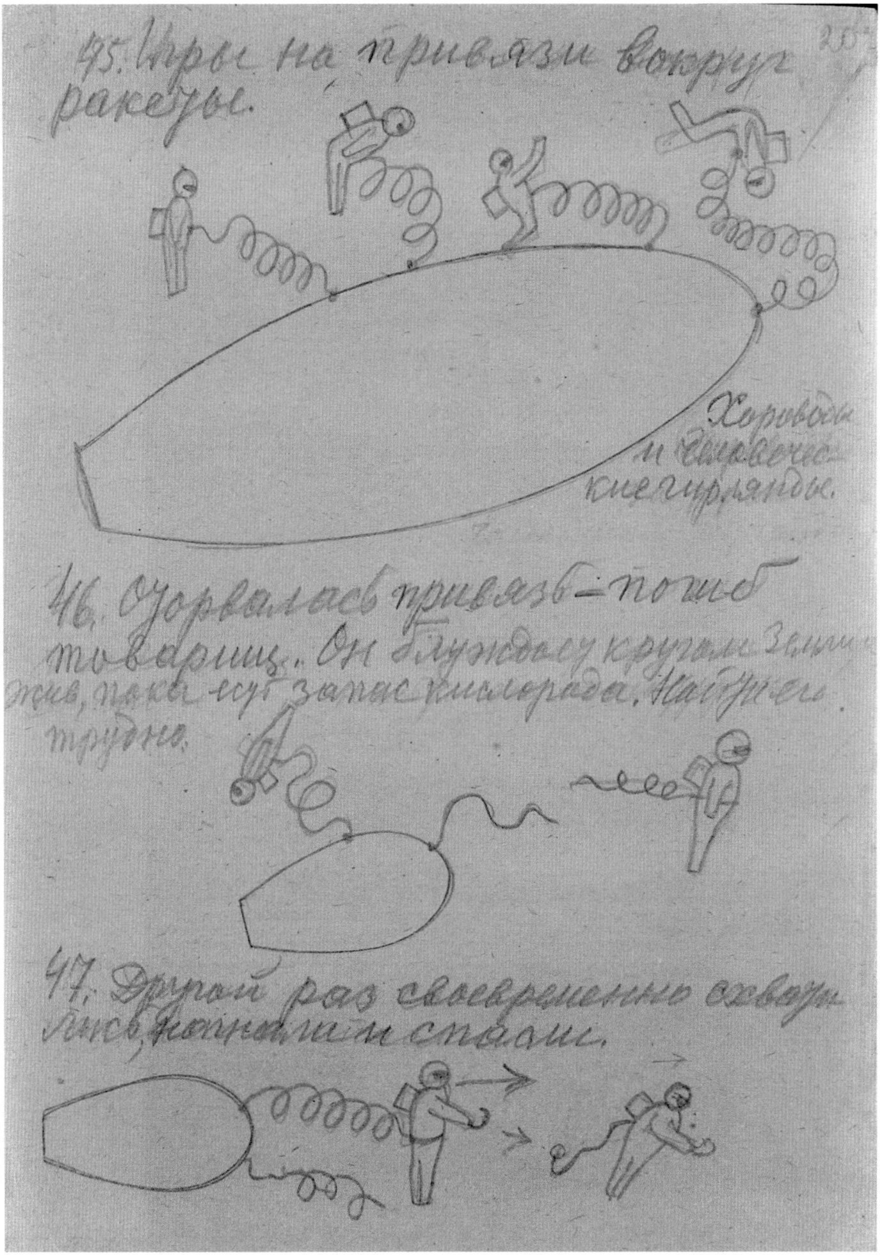

图 9-2 齐奥尔科夫斯基为瓦西利·柴拉夫列夫的电影《宇宙旅行记》所做的概念设定，描绘了他对太空飞行的设想

图 9-3 在 20 世纪五六十年代苏联与美国进行太空竞赛时，谢尔盖·科罗廖夫是苏联的火箭工程师与总设计师，是 20 世纪航天事业的先驱之一

图 9−4　切斯利·博内斯特尔以其如照片般逼真的手法来绘制太阳系，恰如其分地表达出公众的想象力。他在这张绘画中展示了土星从其卫星土卫一表面上看起来会是什么样子，而且还经常把渺小的宇航员形象绘制在画中作为参照

图 10-1 苏联宇航员阿列克谢·列昂诺夫在 1965 年太空行走后画了这幅自画像。画面显示了他在黑海上空飞行

图 10-2 也许最能代表太空竞赛形象的就是行走在月球表面上的宇航员巴兹·奥尔德林，照片拍摄于 1969 年 7 月 20 日，奥尔德林和任务指挥官尼尔·阿姆斯特朗因此成为第一批在另一星球上行走的人类

图 10-3 这张名为《地球升起》的照片是诞生于 20 世纪中叶太空竞赛中最非凡的画面之一。1968 年 12 月，当"阿波罗 8 号"的乘组人员在绕月轨道上飞行时，他们从月球视角捕捉到了我们的地球正从月球地平线上缓缓升起的画面

图 11-1 1984 年，宇航员布鲁斯·麦克坎德雷斯二世进行了人类历史上的首次无系绳太空行走

图 11-2 黄昏时分，天文学家聚集在位于塞罗·帕拉纳尔山顶的欧洲南方天文台的甚大望远镜下，迎接夜幕的降临。2005 年，当我站在同样的这个地点时我才意识到，作为一个被环绕在广阔而美丽的宇宙当中的人类，那种真切的感受是什么样的

图 11-3 欧洲南方天文台的三大观测站之一帕拉纳尔天文台正在向银河中心发射激光引导星

环绕木星的轨道上，实际上它们根本不是恒星，而是卫星。

伽利略意识到自己的发现绝对是历史性的，于是第二天就开始准备发表他的观测结果，到 1 月 30 日，他已经在威尼斯联络了印刷商。及至 3 月 19 日，他就已经寄出了书稿《星际信使》。[59]

伽利略的观测结果完全颠覆了亚里士多德的观点，月球上的陨石坑和山脉证明它不是一颗完美的星球。相反，地形让它看起来倒是很像地球——但却看不到以太。木星的卫星也带来它们自己的问题，因为这表明宇宙中存在一个不围绕地球的旋转中心。伽利略观测得越多，发现的问题就越多。到 1610 年年底，他看到金星呈现出类似月亮的相位，这是金星围着太阳绕轨运行的直接证据。尽管有人声称这不过是证明金星（进而算上水星）的日心性，但事实是，结合开普勒定律，旧的地心宇宙学说已经站不住脚了。这些观测清楚地表明：地球和其他行星一样围绕着太阳运行。

众所周知，伽利略因坚持其观测数据所证明的事实而受到罗马天主教宗教裁判所的审判。第一次冲突发生在 1616 年，当时他被警告只能将他自己的想法作为假设，而伽利略则一次又一次越过这条边界，声称地球实际上处于运动当中，但他更大的"罪行"是建议重新解释《圣经》以顺应这一观点。对《圣经》进行解释是梵蒂冈神学家独属的领域，是天主教权威的基石。然而，伽利略继续大声疾呼，追求新天文学，其中部分原因是他害怕新教徒最终会在先进知识方面超过天主教徒，还有部分原因是他认为自己的职责就是发现关于神界的基本真理，因此在宗教上也是合理的。

梵蒂冈神学家对伽利略的耐心于 1633 年消耗殆尽。他受到审判，并被判定具有"强烈的异端嫌疑"。当时，他公开宣布放弃他的天文学观点，并在软禁中度过余生。这一事件在历史上常常被视为"宗教教条与科学真理之争"，尤其是在20世纪德国剧作家贝托尔特·布莱希特在剧作《伽利略传》中将这一事件用作对独裁统治的谴责之后。事实上，事情还要更加复杂。

在17世纪20年代，罗马学院的耶稣会会士开始接受伽利略的思维方式。此外，他们开始就改变《圣经》解释一事与梵蒂冈神学家进行认真的讨论。但问题的症结在于，没有哪种观测能够绝对地明确证明地球是移动的。而事实上，最佳测试就是寻找视差现象，而这种现象又最容易被理解为，这正说明地球是静止的。

视差是指从不同角度观察时，前景对象相对于背景的位置变化。把你的食指举到离你脸大约1英尺①远的地方，就很容易证明这一点。闭上一只眼睛，注意你的手指相对于背景落在哪里。现在换另一只眼睛闭上，但不要移动你的手指，你立即就会看到，尽管保持静止，但你的手指看起来已经跳离了刚才的位置。将你的手臂伸直再用手指来重复这个实验，这一次，你手指偏移的距离似乎要小得多。因此，如果地球处于运动当中，那它附近的星星相对更远的星星来说应该是移动的，但它们似乎没有，这很难观测到存在视差。

我们现在知道，这是因为那些星星距离我们太过遥远，当时的望远镜功能又太弱，无法揭示这种现象。事实上，直到19世纪，这一技术才得以充分提高。但在17世纪未能发现这一点意味着神学家不愿意改变他们对《圣经》的解释：令开普勒定律一举成名

---

① 1英尺等于30.48厘米。——编者注

的是，它在预测行星在天空中运行时假设地球是移动的，但在没有观测到存在视差的情况下，这就不足以被视为强有力的证据。

事后来看，人们很容易认为这是一个愚蠢的、自以为是的决断，但在当时，它却是一个更实际的决断。如果要推翻1 000年来的《圣经》信仰和文化智慧，那么掌权者就必须拥有压倒性的证据来证明这一剧变的合理性。当时，教会更关注伽利略的其他一些观测，因为这些观测已经得到耶稣会会士的证实，并且引起了神学界的严重关切。

前文提及的观测结果显示，有无数肉眼看不见的星星布满夜空，而伽利略一举起望远镜，就能看到比以前多出很多的星星。现在，我们认为这完全是理所当然的，但在当时它却是一个彻底的冲击，并引发出一个问题。这个问题击中当时的人们对夜空和相对于夜空人类所处位置的认知要害，为什么上帝要对我们有所隐瞒？

在寻求答案的过程中，西方继续重新界定我们与夜空之间的关系。这种界定距离旧的认识越来越远，并最终将它们完全抛弃。根据一些心理学家的说法，我们对夜空在我们生活中所起作用的认识发生了如此巨大的转变，以至于我们至今都还在承受这种冲击。

07

重大的灾难与坠落的灵魂

经典物理学宇宙观的形成

基督教对世界的理解是，上帝所设计的一切都是为了人类。就夜空而言，占据主导地位的观点是，它是一种计时机制。行星和其他天体在宇宙这座钟表的表面上运行，而星座则是用来标记运行的进程。因此，当伽利略和其他人发现夜空中原来还散布着那么多以前看不见的星星时，这一观点陷入彻底的窘境。为什么上帝要把这些星星藏起来不让我们看到？这个进退维谷的问题引发了一场持续数百年的神学争论，这场争论的焦点是原罪的概念以及亚当和夏娃吃了伊甸园禁果后的堕落。

　　争论围绕堕落的确切性质及其对我们的影响展开。1662 年，传教士罗伯特·索思在伦敦圣保罗大教堂向会众发表的一次演讲中，将亚当描述为一位上天赐予完备的自然和宇宙知识的哲学家。[60] 作为对吃禁果给予的部分惩罚，上帝剥夺了亚当对宇宙的认识，但究竟有多少知识从我们这里被拿走了？

剖析世界

　　1620 年，英国哲学家弗朗西斯·培根在他出版的一本名为《伟大的复兴》[61] 的著作中，描述了像开普勒和伽利略这些人的新兴的"机械论哲学"如何能够重新发现亚当丢失的知识，并就到底有多少知识在"堕落"中被丢失这一问题给予了回答。

机械论哲学之所以被如此命名，是因为它认为宇宙像一个巨大的机械装置那样在运行，有着严格的因果规则。培根推测，如果我们的理论只是建立在观察和实验的基础上，那么我们对自然和周边宇宙的认知就可以完全恢复到最初的完美状态。这是一个令人兴奋的观点，他在后来的《新工具》一书中详细阐述了这一观点，该书也在1620年出版。他警告说不要将新的观点建立在未经检验的旧观点之上，或者把观点扩展到实验能够证明的范围之外。这是科学方法论的发端，着重强调通过进一步调查研究不断检验我们的观点的必要性。

罗伯特·索思很有可能读过培根的作品，他发表演讲的时间差不多适逢国王查理二世授予皇家特许状成立伦敦皇家自然知识促进学会（英国皇家学会）两年之后，学会成员致力于培根式的自然研究，他们甚至秉承"不随他人之言"的座右铭，意思就是"不相信任何人的话"。

伽利略利用望远镜的发现为这种堕落提供了一种新的解释方法，或许上帝已经把宇宙的大部分变得让我们看不清，抑或只是让我们的感官变得迟钝，而非只是把知识从亚当的头脑中抹去。无论是哪种情况，我们都失去了看到所有星星的能力。这意味着望远镜的发明根本不是对宗教权威的威胁，而是拯救人类的关键所在——它是重新发现亚当所失去的知识和弥补原罪的工具。另一方面，新发明的显微镜也在发挥同样的作用，让我们看到肉眼看不见的微小物体。伟大的英国实验家罗伯特·胡克于1665年在他的著作《显微图谱》的前言中也同样述及此事，他在这本书中展示了他通过显微镜看到的肉眼看不见的那个世界的图画。

对新机械论哲学和实验哲学的坚持令人们重新审视许多旧观点，致使亚里士多德的物理理论以及土、水、气和火的经典元素论最终被抛弃。1611 年，随着新天文观测可能带来的结果日渐清晰，约翰·多恩在他的诗作《世界的剖析》（*An Anatomy of the World*）中痛惜地写道：

> 新哲学怀疑一切，
> 火元素已经完全熄灭，
> 太阳消失了，地球也消失了，没有人具备这样的智慧
> ——为人类指点迷津去寻找它。

这种不确定性在 17 世纪持续了大部分时间，直到该世纪下半叶，新的确定性蓝图才出现。它真的到来了，却来自一个意想不到的人：一位古怪的名叫艾萨克·牛顿的剑桥隐士。

万有引力

那是 1684 年 1 月，天文学家埃德蒙·哈雷会见了克里斯托弗·雷恩和罗伯特·胡克，他们三人都是机械论哲学家和英国皇家学会成员，都在寻求促使行星遵循开普勒定律的根本原因。他们能够看出，这些定律暗示着某种来自太阳的影响力，但却无法对太阳运行进行严格的数学描述。

在这三人当中，哈雷是最好的数学家，但就连他也被难住了。他只能想到一个解决办法：接近艾萨克·牛顿，一位难以应付但

却有天赋的自然哲学家，十多年前他刻意避开英国皇家学会，去剑桥大学三一学院过着隐居式的生活。雷恩鼓励哈雷去找他，而胡克表示反对，因为他在17世纪70年代与牛顿就颜色的本质进行讨论时发生了冲突。

哈雷不顾胡克的反对，于1684年8月前往剑桥寻求帮助。令他惊讶的是，牛顿声称自己已经完成了必要的计算，但当哈雷要求查看证据时，牛顿粗略地翻找了一下，就声称论文丢失了。不过，他答应重新进行数学计算，并把它寄到伦敦。

几个月过去了，在11月的一次英国皇家学会会议上，一份小文件交到了哈雷手中，那是他一直所渴望的证据，而且远不止于此。牛顿显然一直被这个问题所吸引，他假设有一个来自太阳的作用力，并利用这个假设成功地推导出开普勒三大定律。他称这种作用力为"万有引力"，并证明要使行星按照开普勒的描述移动，那就必须以一种非常特殊的方式加以运行。如果一颗行星与太阳的距离是另一颗行星的两倍，那么作用在较远行星上的引力将是较近行星上的四分之一。如果距离是三倍，那么作用力就是九分之一。这就是众所周知的平方反比定律，在物理学中经常出现。例如，它也能够解释光源如何随着距离的变化而变暗，所以，如果一颗恒星与太阳之间的距离是与它相同体量的另一颗恒星的两倍，那么它的亮度就是后者的四分之一。

牛顿通过证明一个轨道的精确形状由天体的平均速度决定，扩展了开普勒第一定律的范围，这意味着椭圆只是可能的形状之一。当哈雷开始考虑彗星轨道的形状时，这一事实对他来说变得至关重要。但就在那一刻，哈雷读到了令他震惊的内容，他跑回剑桥，希望得到牛顿的许可将这份文件传播出去，牛顿拒绝了。

他告诉哈雷，他发现了一种方法，可以将这项工作扩展到行星之外，涵盖所有事物的运动。如果他是对的，那么他就站在了一门研究力如何使万物运动的全新学科的前沿，这门学科的关键是万有引力，它作用于整个宇宙尤其是地球上的每个角落，他认为一个物体掉到地上的原因与月球绕地球运行的原因是一样的。和哈雷第一次来访时一样，牛顿还没有拿出数学上的证明，但这一次，两个人都意识到风险有多大。

数千年来——如果不是数万年的话——人类对夜空的看法基于这样一种假设，即夜空与地球根本就是不同的两个领域，从而遵循不同的规则。如果牛顿成功了，那他将会彻底颠覆这一观念。对天体和地球运行的统一数学推演将证明，这两个地方遵循着完全相同的自然规律。

牛顿沉迷于计算工作，以至于很少吃东西，常常完全忘记吃饭。他心不在焉地处理日常事务，然后带着灵感尖叫着冲向办公桌。他经常忘记拉把椅子坐下，而只是站在桌前工作。经过三年的不懈努力，他完成了这项工作，其成果就是历史上最伟大的科学杰作之一——《自然哲学的数学原理》。这本出版于 1687 年 7 月的书是一部错综复杂的数学著作，它说明了运动为什么永远是作用力的产物。如果有东西移动了，那么推动它的潜在作用力都可以被计算出来。有些时候，这种作用力显而易见，比如一匹马拉着一辆车或者一个人把球抛向空中。另外一些时候，这种作用力是隐形的，比如一颗鹅卵石滚下山坡或一颗行星穿越夜空。牛顿证明了那个隐形的作用力永远都是万有引力，一种由所有有质量的物体所产生的吸引力。

雨落在地球上的原因和流星划过夜空燃烧的原因有相同之处，

即都有重力在起作用，这似乎让人难以置信。唯一影响万有引力强度的因素是两个相关物体的质量和它们之间的距离。为了证明这一点，牛顿把开普勒关于天体运动的研究成果和伽利略关于地球运动的研究成果统一成一个整体。此外，牛顿的万有引力数学公式可以让人做出预测并通过观测来检验。如果这些预测被证明是正确的，那么无论是否有人喜欢这个观点，它都必须被接受为事实。于此，哈雷和哈雷彗星登场了。

除了为这项研究工作提供最初的火花，这位天文学家还资助出版了《自然哲学的数学原理》一书。当英国皇家学会耗尽财力出版《鱼类的历史》(The History of Fishes) 一书时，哈雷曾担任该项目的编辑、出版商，甚至是资金提供者，但该项目最终失败了。[62] 现在，他转而使用万有引力概念作为了解彗星轨道的手段。

我们现在知道，彗星有山脉大小，由冰和岩石混杂而成。在行星形成时，它们在远离太阳的过程中冷凝而成，但在哈雷的时代，它们仍然有些神秘。第谷和开普勒已经证明它们是天体，但它们运行轨迹的形状显然与行星的截然不同。为了在《自然哲学的数学原理》一书中证明这一点，牛顿分析了两颗彗星，其中一颗出现于 1680 年傍晚的天空，另一颗出现于 1681 年清晨的天空。他推断它们是同一个天体，围绕太阳在一个极其扁长的轨道上运行，基于这一假设，他发现这两条轨道可以被理解为长度不同的两条急转曲径，人们称之为抛物线。

自此，哈雷接受了这个挑战，开始寻找 1337 年至 1698 年间出现的另外 23 颗彗星的轨道。在他研究的数据中，有"3 颗彗星"脱颖而出，它们分别出现于 1531 年、1607 年和 1682 年，全部都在相似的轨道上运行。经过进一步调查研究，哈雷认为这"3 颗彗星"实际上是同一个天体一次又一次地重现。如果是这样，根据他计算出的轨道，这颗彗星会在 1758 年年末或 1759 年年初再度出现。

1758 年圣诞节这天，身为德国农民的业余天文学家约翰·格奥尔格·帕利奇看到一颗彗星出现在天空中。通过对彗星位置的快速查验可证明，那确实是哈雷彗星如期重现。这是科学革命的决定性时刻：从哥白尼捍卫地球处于运动中开始，进展到了牛顿的地球和天体物理学的统一。这一成果证明数学分析可以揭示物理现象的起因，揭示宇宙的秩序。它展示了科学能够预测未来的力量（从而在占星师擅长的领域中击败了他们），为对一切事物进行科学研究这一持续至今的潮流的爆发创造了条件。这场波澜壮阔的文化剧变被称为"启蒙运动"，随着理性和科学的优点在这场文化剧变中备受推崇，人们开始重新审视传统和等级制度。

这一历史时刻的重大意义无论怎样强调都不为过，但也有不利的一面。正如埃德蒙·哈雷和其他人开始意识到的那样，并非所有的新发现都是令人愉快的，事实上，哈雷在研究彗星时还发现了一些骇人的东西。

彗星恐慌

哈雷在计算彗星及其椭圆形的轨迹时，看到了这些神秘的天体如何从深空运行而出，穿过地球轨道后绕太阳飞行，再度折回到黑暗中，然后又一次穿过地球轨道。哈雷意识到，彗星在穿越地球轨道时，有可能跟地球相撞。

他知道必须让自己的研究成果引起同行们的注意，但又担心这样做会使他与宗教当局发生冲突，并使自己面临制造恐慌的指控。因此，在得到承诺不会把他的发现发布给更加广泛的受众后，他于1694年12月的一天，在英国皇家学会的研究人员面前，秘密地讲述了文明的终结如何会源自夜空。

这是一个令人毛骨悚然的想法，他开始思考是否有什么历史证据表明这样一场灾难已经发生过。他立刻就想到了《圣经》中的洪水。《圣经·创世记》重述了一个起源于美索不达米亚的《济乌苏德拉史诗》和《吉尔伽美什史诗》中的洪水神话。在基督教的版本中，上帝持续40个昼夜将水从天上倾注而下淹没世界，因为人类的罪行和邪恶而要毁灭人类，得救的只有挪亚、他的几个儿子和他们各自的妻子。挪亚建造了一艘方舟，每个物种都有一雌一雄载于舟上，然后漂出这场神赐的人类大灭绝。

令哈雷感兴趣的是洪水的起因。他查阅了英国降水量最多的郡县的天气记录，经计算得出，即使以一个恒定速率持续40个昼夜，这样的降水量也不足以淹没整个地球，因为总共也就大约40米深的水。因此，只有沿海地区会受到影响。要将洪水范围扩大到内陆，则还需要发生更加灾难性的事件。他指出，既然日复一日地没有出现奇迹，万能的上帝通常就会利用自然手段来实现他的意愿。因此，他认为彗星碰撞可能会以某种方式导致海洋淹没大片陆地，从而引发了这场洪水。[63]

至于撞击的地点，他认为会留下一个像里海或世界各地发现的大片湖区这样的大洼地。也许他最有创意的想法是，北美大陆之所以在冬天特别寒冷，是因为它曾经地处北极，彗星的撞击使它远离极地地区，但其土壤底下仍存有大量冻结的冰。

这次演讲本身就引起了研究人员的兴趣以及热烈的讨论，一周之后，哈雷鼓起勇气回到这里，透露了在与之前相同的条件下进一步产生的想法。他说，一位判断力受到他尊敬的人找到他，暗示彗星和地球的相撞可能比《圣经》中出现的洪水更加具有灾难性。在这个人看来，碰撞可能在《圣经》所述的创世之前就已经发生了，并且彻底摧毁了以前的世界。在这场混乱中，我们的世界在神的干预之下被创造出来。哈雷接着指出，也许在未来某个时候，如果上帝认为这是确保世界未来福祉的最好方法，那么另一场类似的灾难可能会降临到我们的世界上。

哈雷出于谨慎的担忧，让自己的作品留在学会的档案中而一直并未发表，但不是谁都像哈雷这样小心翼翼的。仅仅两年之后，在 1696 年，艾萨克·牛顿以前的一位学生在《地球从起源到万物完满的新理论》（*A New Theory of the Earth from its Original to the Consummation of All Things*）一书中发表了基本相同的观点，他就是威廉·惠斯顿，一位前途无量的剑桥学者，但随着时间的推移，他陷入争论和预言之中。他最后因为反对英国国教，也就是说他拒不认可"神圣的三位一体"这种观点，[64] 而被大学开除并因此转而公开讲授科学。他还建议，应当为第一个想出如何确定海上经度的人颁发现金奖励，这一建议在 1714 年的《经度法案》中被英国议会采纳。

然而，在 1736 年，惠斯顿做得过火了。他断言 10 月 16 日，将有一颗彗星逼近，从而引发大规模的火灾，甚至与我们的星球相撞，从而摧毁地球，这让伦敦人们感到恐慌。随着焦虑情绪的加剧，坎特伯雷大主教介入并声称这个预告是假的——事实证明确实如此。这次事件发生后，惠斯顿成了公众的笑柄和同行的社交弃儿。

然而，人们无须挖掘太多的历史记录就可以找到陨石从天而降的真实证据，其中特别著名的一个例证就是在现在的法国阿尔萨斯昂西塞姆的"雷霆之石"的故事。

雷霆之石

根据当时的报道，[65]1492 年 11 月 7 日正午前几分钟，雷鸣般的爆炸声回荡在上莱茵，吸引了整个地区（包括被城墙包围的昂西塞姆城和许多山村）的人们来到寒冷的户外一探究竟。大家都在寻找这声巨响的起因。一个一直站在城外的男孩已经知道了答案，他看到一块巨石划破天空，落到了附近的田野里。他带着城里的人们来到这个地方，人们惊奇地站在那里，凝视着一块躺在一个大约 1 米深的小陨石坑里的黑色巨石。他们自行组成一队人马，把这块三角形的陨石拖到平地上，并从巨石上凿下碎片带回家以祈求好运。城市执法官到来后，制止了凿取"纪念品"的行为，并将这颗太空巨石拖到了市内的教堂。

大约两个半星期后，马克西米连国王骑马前往法国开战，他和他的顾问们检查了这块岩石，认定（也许并不奇怪）这是个好兆头。他们随后凿下两块碎片作为护身符带在身上并投入了战斗。至今仍有从这块陨石上凿下的碎片在昂西塞姆摄政博物馆展出。

今天我们称这些坠落下来的岩石为陨石，它们是 46 亿年前在我们的太阳系中形成的第一批行星体的碎片，主要由石头和金属构成，它们的运行轨道比彗星更靠近太阳。我们现在知道金属陨石尤其有趣，因为它们曾经掩藏在新生行星的心脏里，这些行星未能像地球一样存活下来直至成年，而是被哈雷和惠斯顿所推测的那种强烈碰撞击成碎片。

早在 15 世纪，陨石还是一个证据，证明宇宙是由与地球构成成分相同的物质而不是亚里士多德所声称的具有神圣特性的特殊物质构成的，而且昂西塞姆的"雷霆之石"并非唯一的例证。据记录，另外还有一些少量的陨石从天空坠落，最早一次出现在 861 年的日本中野，在那里可以看到一道明亮的闪光划过夜空。第二天早上，当地人在小陨石坑里发现了一块拳头大小的陨石。时至今日，这块来自太空的岩石依旧保存在附近的须贺神社中，并且已经成为神道教的一种象征。神道教是万物有灵论——人类最原始的宗教形式之一——的一种幸存形式，这种宗教认为万物都具有灵魂。这块陨石每五年向公众开放一次，人们把它放在一辆装饰华丽的马车里，带领着游行队伍走街串巷。[66]

从历史早期开始，许多希腊和罗马的庙宇内都供奉着陨石碎片。虽然有时经现代分析证明，有些岩石实际上并非来自太空，但这些物品因其所谓的外星球起源而受到尊崇这一事实才是重点所在。几百年来，人们围绕陨石虚构了许多神话和民间故事，大多是说看到了陨石穿越大气层时形成的流星所带来的明亮划痕。[67]例如，在今天德国的施瓦本，人们认为流星是预示来年好运的征兆。在瑞士，人们认为流星是表明上帝抵挡住瘟疫的神圣信息。在智利，流星象征着好运，但要想这种好运成真，你必须迅速从地上捡起一块石头。在日本和夏威夷，流星带来的好运只有在你解开衣服后才能进入体内。[68]

虽然流星的出现通常与好运相关，但哈雷和惠斯顿的研究成果让人们注意到，大型陨石可能会造成严重的甚至大面积的破坏。如果我们对此还存有疑虑，那么在 2013 年 2 月 15 日黎明时分刚过，当一块直径为 20 米、重量超过 1.2 万吨的岩石在俄罗斯车里雅宾斯克地区附近冲入我们的大气层时，这种疑虑便会荡然无存。它形成的火球比太阳还要明亮，途中爆炸后产生大量雨点般的陨石，由此形成的冲击波摧毁了该地区 7 000 多座建筑。数千人在这一过程中受伤，其中大部分是被经过的冲击波震碎的窗户所伤。幸好没有人死亡。就影响而言，车里雅宾斯克是相当小的事件。要想看更大的，我们需要回到一个多世纪前的通古斯卡撞击事件。

通古斯卡是西伯利亚一个偏远的、几乎无人居住的区域。1908年 6 月 30 日，一场剧烈的爆炸震撼着这个地方。计算机重构表明，地球当时遭受一颗直径为 60 ～ 190 米的陨石 —— 或者更准确地说是一颗岩石小行星 —— 的撞击。它释放的能量是第二次世界大战末期投在广岛的原子弹的数百倍甚至上千倍，摧毁了大约 8 000 万棵树。爆炸的巨浪剥光了树枝，使树木看起来像电线杆。这一事件造成的死亡人数没有记录在案，但一名目击者对那个始料不及的早晨进行了令人毛骨悚然的描述，他是一位名叫谢苗诺夫的商人，那天的早餐时分他正坐在屋外。

他看到天空"裂为两半"，森林上空出现大火，火势迅速蔓延至半个天空，他感觉被一种难以忍受的高温所吞没，好像他的衬衫着火了。他还没来得及采取行动，空中的裂痕就合拢了，一股巨大的气浪撞得他后退好几米。当他躺在地上失去知觉时，他的妻子从屋里走出来，帮助他躲起来。但这场磨难还没有结束。一阵雷鸣般的轰响声猛击双耳，仿佛"岩石在滚落，大炮在开火"。他把头埋到地上，以为随时会有落石把他砸死。好在磨难过去了，他还活着。在他的四周，酷热的高温在地上留下烧焦的痕迹，轰隆的巨响声把窗户震为碎片。[69]

尽管听起来十分可怕，但与现在科学家认为6 500万年前发生在墨西哥尤卡坦半岛的事件相比，这根本就算不了什么。在希克苏鲁伯海岸附近被发现的一个巨大的陨石坑，现葬身于海洋沉积物下面。想要形成这样一种结构，必须有一颗直径约为10千米的小行星与我们的星球发生碰撞。有趣的是，这次撞击的时间与白垩纪–第三纪灭绝事件大概一致，当时地球上四分之三的植物和动物物种灭绝，其中就有末代恐龙。

尽管还没有得到确切的证实，但这个场景假定的是，剧烈撞击产生的热量在全球范围内引发了火灾。森林和其他植物瞬间燃烧，烈焰中抛出的碎片撞回到地面，把恰巧挡在路上的一切碾碎了。这场致命的陨石雨席卷了整个世界，一些碎片在坠落到地面之前就被炸到了天边。此后数年，大量的灰尘和其他轻物质一直悬浮在大气中遮蔽着阳光，致使气温骤降。当时在这场撞击大火中幸存下来的所有东西，都必须与永久的严冬环境相抗争。植物因为阳光无法穿过尘土飞扬的大气层照耀到它们而死亡。那场全球范围的饥荒波及食物链的顶端。它让幸存下来的恐龙彻底灭亡，并为最终进化为人类的小型觅食哺乳动物的崛起扫清了道路。

同样，这只是一个与哈雷和惠斯顿的灾难学说并无不同的故事，不过，上帝并没有粉碎和改造地球，而只是让占主导地位的动物物种灭绝，为新的王朝让路。根据目前的估计，在我们的太阳系中小行星的数量是行星的10亿倍，尽管绝大多数小行星都在安全轨道上相安无事地围绕太阳旋转，但也有一些小行星在更加偏离核心的轨道上运行，它们可能会靠近地球并造成威胁。现代观测望远镜和计算机化搜索技术表明，没有"恐龙杀手"级别的小行星靠近我们，但可能摧毁一座城市的通古斯卡级别的天体尚未完全监测到。我们可能永远也找不出所有的车里雅宾斯克级别的天体，但当有这些天体出现时，我们必须把它们处理好。

从天堂的所在之地到人间的地狱使者，繁星满天的夜空变起脸来真是让人措手不及！

08/

死亡的子夜，思想的正午

18、19 世纪的星空

在科学革命之前，一个人所感觉到的与夜空之间的联系可能是直接而强烈的。在没有光污染破坏视线的情况下，人们看到星星从天上倏忽滑落，会认为这投射的是尘世当中的来来往往。更为重要的是，人们认为通过研究夜空的情况可以了解世间万物。16世纪和17世纪伟大的天文学家的研究成果改变了一切，给试图了解宇宙的这些古老方式以致命的打击，迫使人类与夜空的关系从零开始。除了那些致力于对宇宙进行的这种新认识的少数天文学家，其他人与夜空之间的联系被切断。

这是对科学革命的最大讽刺。由于强调预测和证据，科学的兴起使欧洲和那里的人们陷入了一种极不确定的状态。关于占星术和我们与夜空之间的联系的古老"真理"被一扫而空，除了保证科学最终会给出答案之外，并没有什么能够替代它们。

祛魅的夜空

20世纪初，当回顾这一时刻以及它如何引领现代世界崛起时，德国社会学家马克斯·韦伯创造了"祛魅"一词。他把启蒙运动和这次科学革命的发生看作我们不再用神灵的话题来魅惑自然，而是专注于用理性和科学来解开我们的谜团的时刻。他认为，在如此而为的过程中，我们剥夺了我们自己的一些不可思议的东西，这些东西激发了我们的想象力，并以一种情感方式将我们与夜空和其他的自然奇迹关联起来。[70] 他认为，丧失这种关联在心理层面上深深地影响了我们。

即刻发生改变的一件事情就是我们对夜空的感知，它不再被看作一个苍穹——一个基本上算是由闪烁的恒星和行星构成的二维图案，反而被证明是一个浩瀚的三维领域，这个领域很可能包含许多其他世界。

1704年，艾萨克·牛顿出版了第二本伟大的著作——《光学》，书中主要讨论了17世纪70年代他在光线和色彩方面的研究工作。他之所以等了这么久才发表出来，是为了让不喜欢他这些结论的劲敌罗伯特·胡克能够安然离世和下葬。他使用英文而不是拉丁文来写这本书，并添加了一个令人意想不到的、被命名为"质疑"的结尾。

在60岁刚出头的时候，牛顿就已经构建了很多科学观点，他在此后的余生里不可能完成这么多的思想研究。因此，他将这些假设以反问的形式加以阐述，并罗列在书的最后一章，卓有成效地为物理学科设定了研究计划，直到今天我们仍在遵循这份计划。

第十一个问题是关于夜空的，充分表达了地球和宇宙之间并没有根本性差别这一观点。问题大致是这样的："难道太阳和恒星以及伟大的地球不是炽热的吗？"牛顿用这句现在看来有点过时的话指出，太阳和恒星是同一类型的天体，由此推断，恒星周围可能是行星。按照这一逻辑推理，那些行星中有可能有一些像地球一样有人类这样的生命体居住。这一观点被称为世界的多重性，但没有被普遍接受。

比如，开普勒就拒不接受这一观点，像其他许多人一样，他相信上帝住在七重天。若真是如此，一个浩瀚无垠的宇宙会将七重天的边界推移至无限远的地方，开普勒发现这个想法令人害怕。

相比之下，17世纪和18世纪的文学名家和艺术家发现了一个更容易理解的广阔宇宙，那里布满了有人居住的其他星球。这也许是因为，在思考我们对夜空的情感回应方面已经有了悠久的文学传统。这种好奇心的怪异混合，夹杂着愉悦的暗示和恐惧的暗流，被证明是一块试金石，让每一个人在以科学的新方式思考宇宙之后都会感到失落。无论我们的理解如何发生变化，有一件事情是不会发生变化的，那就是不管什么时候，我们只要抬头仰望就会涌起那股敬畏之情。

因此，当天文学家不遗余力地重建我们对夜空的知性理解，以及如何使其与宗教观点相一致时，艺术家和哲学家们则将注意力转向那些闪烁的繁星所唤起的持久的情感效应。

观念的变迁

公元前1世纪，古罗马诗人、哲学家卢克莱修写了《物性论》一书，至少从那时起，人们对夜空的沉思就一直是艺术世界的一个特征。[71]这是一首说教诗，阐述了公元前4世纪哲学家伊壁鸠鲁的观点，他认为宇宙并不是一个或多个神加以直接干预下的产物，而是自然法则下的产物。

伊壁鸠鲁相信原子，他认为原子是所有物质的微小组成部分，他认为石阶在反复使用中被磨损的那种方式就是证据，日复一日的磨损虽难以察觉，但向人们证明了极其微量的物质伴随着每一次的脚步声而被磨去。他还相信世界是多重的，因为他认为在一个浩瀚无垠的宇宙中，原子不停地你推我搡自然会在太阳和其他恒星周围形成行星。这两种观点结合在一起，如果相信原子，便意味着相信世界的多重性，从而相信宇宙的广袤。相比之下，当基督教出现时，它的神学家却走上了另一条道路：只根据在夜空中所能看到的东西来构建故事情节。

正如我们讨论过的，教会采纳星星与太阳在根本上是不同的这一观点，认为星星代表一个有形的边界（苍穹），在这个边界之外是上帝的天堂。我们人类全然承蒙上帝的恩典，因此地球是独一无二的，而认为太空中散落着多个世界便顺理成章地成为一种异端邪说。

持有这种观点会有多危险，从焦尔达诺·布鲁诺的命运中可见一斑。布鲁诺是意大利的一名多明我会修士，生于1548年。他在20多岁的时候，提出了一些与罗马天主教会的核心信仰相悖的观点，其中之一就是还有其他行星有人类居住。经过多年的调查以及另外长达7年的审判，布鲁诺被罗马宗教裁判所活活烧死。毋庸置疑，他遭受如此严重的惩罚更多地与他反复质疑耶稣基督的神圣和马利亚的贞洁有关，但他对世界是多重的信仰仍足以被列为对他的一项指控。

牛顿在他自己的作品中试图将这两种观点结合起来。他显然赞同浩瀚宇宙这一观点，是万有引力将浩瀚无垠的宇宙统一起来，但这并不意味着他认同伊壁鸠鲁推翻上帝转而支持物理学的主张。埃德蒙·哈雷在《自然哲学的数学原理》的前言中借用卢克莱修的话，以说教诗的形式明确了这一点。

诗歌一开始就毫不留情地告诉读者，上帝对万有引力定律负有责任：

> 瞧，天空的模样，就是为了让你仰视！
> 万物多么平衡与和谐，这是多么绝妙的算计与布局！
> 因此也要思考一下上帝构建宇宙的法则，
> 这些法则并未被束之高阁，
> 而是化身为上帝杰作的坚实后盾。

在诗的后面，哈雷引入一个为后来诗人们所广泛采用的观点，即科学思维（这里称之为天才）能够让我们象征性地进入天堂。

> 那些被妄想蒙上幽暗疑云的人，
> 现在被天才给予的翅膀高高托起，
> 得以洞悉众神之宅邸，
> 登上天堂之高峰。啊，普罗大众，
> 站起来吧！抛却你们的俗世烦恼，
> 获取上天赐予的心灵的力量，
> 让它的思想和生命远离芸芸众生！ [72]

最后两行诗句值得注意，因为它们间接地表明，人类是按照上帝的形象被创造出来的，这正是犹太教、基督教和某些形式的伊斯兰教的特征。哈雷指出，相似之处不在于物理形式，而在于我们的智力和训练有素的头脑理解周边宇宙的能力。这引起了当时那些诗人的共鸣，他们既采纳了牛顿的浩瀚宇宙这一概念，也采纳了哈雷关于通过精神世界进入夜空去解开宇宙奥秘的这一观点。《统治吧，不列颠尼亚！》（*Rule, Britannia!*）的歌词源自詹姆斯·汤姆逊的作品，他在牛顿去世后不久写了一首纪念这位科学家的诗歌，诗歌集中体现了万有引力作为宇宙支配力量的观点，以及牛顿通过科学推理攀登高峰的才能。

> ……[牛顿]充满激情地翱翔，
>
> 穿越广袤无垠的蓝天，飞越每一颗星辰。
>
> ……当他靠近时，
>
> 那些熊熊燃烧的太阳照耀着的，每一个都是生命的源泉，
>
> 都是和谐天地的一分子：万物共存，
>
> 天生就由那股唯一的力量统治着，
>
> 这股力量把天外来石投掷到了地面上。

这标志着我们与夜空之间在关联方式上的又一个重大变化，因为它实际上意味着人类现在可以"行"至天堂，并带着天堂如何运行的知识返回。以前，人们认为星空世界对我们来说是未知的，除非我们死亡，就像埃及棺材盖上的星表所显示的那样，引领逝去的灵魂穿越宇宙。不过，现在，只要我们用正确的方法进行思考，就可以随时到达那里。这是宇宙如何变成有形的——或者至少是可知的——世界的另一个实例。同时，这一观点既令人振奋又令人生畏，这种快乐与恐惧并存的感觉令哲学家们着迷，长期以来他们对所谓的崇高（sublime）一直保持着浓厚的兴趣。

审美的维度

关于崇高的讨论是美学的一个普遍特征，美学是哲学的一个分支，涉及我们对艺术和自然的欣赏以及我们为什么认为有些事物是美的。从本质上讲，美学属于一个更大范围的、关于我们如何与自然相互作用以及我们的感官如何提供激发我们情感的体验的讨论。在这场辩论中，"崇高"一词是指那些让我们觉得美丽但由于太过壮阔而难以理解的体验，或者那些让我们意识到自己其实是多么渺小的经历。

通常，一个漂亮的物体就是一种能给观赏者带来愉悦的东西，一般是一个微小而且没有威胁的物件，而一个崇高的物体则是一种美丽的东西或景象，它令人难以抗拒，以至于还会使我们心中产生一种恐惧，夜空就是这种崇高的完美实例，因为我们仰望它时会思绪万千。1712 年，英国散文家约瑟夫·艾迪生将牛顿式的宇宙描述为一种崇高的存在，重点讲述它难以把控的浩瀚。

当我们一起审视整个地球，以及与它毗邻的几个行星时，看到那么多的尘世一个接一个地悬浮于空中，以如此令人称奇的壮观景象庄严地绕轴滑动，我们的内心充满惊喜。此后，当我们端详远至土星到恒星的那片广袤的以太空间，它们的高度几乎达到无限远，那么凭借想象力我们就会发现它能够容纳无边无际的景象，并开始尽力地去理解它。但是如果我们站得更高，把那些固定的星星视为许多浩瀚的火焰的海洋，就能发现每个海洋都有一组不同的行星相伴，还能发现新的苍穹和新的发光体，它们湮没在深不可测的以太更深处，即使我们用最强大的望远镜也无法看到，我们就这样迷失在一个由不止一个太阳和不止一个尘世构成的迷宫当中，沉沦在大自然的浩瀚和壮丽当中。[73]

实际上，艾迪生是在说，虽然人类的思想可以围绕着太阳和它的行星集群这一观点，但试图去想象夜空的广阔浩瀚实在是力所不能及了。上段文字中最后一句提出一个观点，即像地球一样的行星数不胜数，没有什么望远镜能够全都看到，正是这一点让艾迪生产生了崇高的感觉。这种感觉界定了感官体验（我们可以看到太阳系中的行星）和想象力飞跃之间的界限，这是思考我们感觉存在但实际上又无法观测到的其他尘世时所必需的。为了成功地完成这一飞跃，想象力应当受到科学思想的指导，这标志着夜空是独一无二、与众不同的一种东西，是现在被称为宇宙之崇高的一种东西。

1757 年，爱尔兰哲学家埃德蒙·伯克著写《关于我们崇高与美观念之根源的哲学探讨》一书，这本书成为一本关于这个主题的标准教科书，但令人吃惊的是，作者只提到过一次夜空，仅仅简单地说："繁星点点的夜空，尽管在我们看来很是寻常，但在激起人类的宏伟壮丽之感上却从未令人失望。"这读起来就好像伯克在说，宇宙崇高的概念如此明显，无须进一步讨论。

那个时期的诗人充分探讨了身处夜空之下的效应，特别是夜曲，它成为一种最适合这样的讨论的流行诗歌形式。这类诗歌通常会颂扬人类的共同经历，即发现在夜间大脑更容易摆脱有形的世界。当夜幕降临时，我们的思绪就会陷入更适合沉思的题材。

安娜·巴鲍德 1773 年的诗作《夏夜的冥想》（*A Summer Evening's*

Meditation）开头就引用了爱德华·扬格 1742 年的《夜思》（*Night Thoughts*）中的一句话，这个简单的句子完美地阐释了牛顿的第十一个疑问："白昼一个太阳，夜晚万缕光芒。"巴鲍德把太阳比作一个闷热的暴君，接着讲述了金星如何在黄昏的天空中闪耀，迫不及待地盼望着夜晚的到来。当黑暗完全降临，她描述了这种现象给我们带来的情感变化："这子夜的死寂就是思想的正午，智慧伴随着繁星一起登上顶峰。"

在 1788 年出版的《实践理性批判》一书中，德国哲学家伊曼努尔·康德对类似的观点进行了扩展，明确地把我们的人性与我们对夜空的思考联系起来。他说："有两样东西，我们愈经常愈持久地加以思索，它们就愈使心灵充满始终新鲜、不断增长的景仰和敬畏：在我之上的星空和居我心中的道德法则。"他接着断言，这两者不是相互割裂的概念："我看到它们在我面前，就能直接将它们与我的存在意识联系起来。"

这种联系对康德来说是关键性的，因为星空和心中的道德法则代表着必须进行调和的相反的人类倾向。一方面，我们对夜空的看法将我们置于浩瀚的宇宙当中，使我们感到渺小和微不足道。康德甚至说，这种认识"湮灭"了我们作为个体的重要性。另一方面，我们对是非的认知以及由此给予我们对行为的选择性使我们超越了所有其他动物，并把我们置于宇宙中无言的物质之上，这些物质除了盲目遵从物理定律之外一无所能。实际上，康德所描述的就是那种崇高，即恐惧（在湮灭时）和愉快（在理解时）的奇怪混合。

康德将无限广阔的空间与我们每个人内心无限深邃的思想加以比较的方式有一种特别漂亮的对称性，他这样做的目的是在说，衡量人类之所以成为人类的标准就是我们感知和理解夜空的能力，外加我们辨别是非的能力。无论是作为一个物种还是作为不同的个体，这让我们听起来都显得那么高尚。他指出，我们每个人都是一个有限的存在，只在很少量的时间里有意识，但我们渴望了解我们自己生活在其中的无限的宇宙。

1790 年，康德的《判断力批判》一书出版。在这部作品中，他扩展了伯克早期对美和崇高的看法，正面论及我们对无限宇宙的思考，并进一步阐述了这样一个观点：虽然我们的感官是有限的，但我们的理解力却是无限的。在他看来，如果我们能够从整体上体验一个物体，那它就是美的。比如，一朵花可以从整体上得到欣赏，因为我们可以从各个角度观赏它，我们可以触摸它、闻它，如果我们喜欢，甚至可以品尝它。相比之下，我们周围浩瀚的宇宙压制了我们的感官，使我们无法从整体上体验它，因此我们感觉到了崇高。康德发现，数学提供了一种将这两种体验连接起来的方法。[74]

牛顿的万有引力定律适用于整个宇宙，能够解释许许多多令人眼花缭乱的现象。例如，恒星和行星形成的原因，它们保持在轨道上的原因，以及我们紧贴地球表面的原因，全都可以追溯到牛顿的万有引力数学公式，这个公式只依赖于 4 个数学量，因此可以作为一个整体加以理解。这就是为什么科学家们认为公式和它们所代表的理论是美的，因为它们可以得到全然的欣赏。因此，康德认为，数学推理使我们能够发展出认识那些我们的感官无法完整感知的事物的方式。他一举将抽象推理奉若神明，这种推理方式如今已成为我们对那些巨大得无法体验的事物进行科学研究时不可或缺的一部分。当我们用数学表达来捕捉自然的基本规律时，他给我们所体验到的那种极度的愉悦取了一个名字，他称之为数学的崇高。

但在18世纪，绝大多数人并不擅长数学，只有精英、天才或幸运儿才能接受到正规教育。即使是现在，许多人在学校里也会回避数学课程，那么这是否意味着数学因其崇高所带来的独一无二的极度兴奋感是大多数人难以触及的呢？完全不是这样。随着时光流逝，解决方案逐渐形成，这一方案催生了一门跨越艺术和科学边界的学科，并且至今仍普遍存在，你当下正在阅读的就是这样一个实例：科学普及。

科学普及试图通过用科学知识激发公众的想象力来重建一种崇高感，它引导我们的大脑去思考那些超出我们体验能力范围的事情，而这些事情可以通过科学研究或数学分析得到阐释。不过，科学普及人员不会都使用那些数学运算，而是将结论转化成文字或图像，并使用这些文字或图像来激发当我们身处夜空之下时突然释放出来的同样的想象力。

早期的这样一个实例是法国作家贝尔纳·博弗·丰特内勒的《关于世界多重性的对话》，这本书于1686年出版，比牛顿的代表作《自然哲学的数学原理》早问世一年。该书探讨了哥白尼关于太阳是太阳系中心的观点，以及在宇宙其他地方是否会发现生命的问题。文中描写的是一位哲学家和一位贵族成员在星空下的花园里散步时，发生在两人之间的一系列对话。

公共科学讲座在18世纪也变得越来越流行，因为它的实践者学会了如何将科学转化成戏剧，他们利用实验演示和其他仪器，以及他们自身的演讲技巧做到了这一点。实际上，他们将体现崇高的文学传统与康德的数学传统融为一体，以一种前所未有的方式来呈现宇宙。

在这些演示当中，一个特别重要的道具是太阳系仪，这类装置使用发条机制，以能够演示行星围绕太阳运转的方式使太阳系的模型移动。由于各个球体以各自不同的速度旋转，因此观众可以看到上帝眼中我们太阳系的样子。幸亏他们能够通过这种方式用自己的眼睛看到太阳系的模型，以前对他们来说这些都是数学式的抽象事物，现在他们感受到这些是可以理解的，是真实的。

德比的约瑟夫·赖特的艺术作品，比如他 1766 年的画作《哲学家正在做关于太阳系的讲演，并用一盏灯代替太阳》，引领了这种新式消遣方式的兴起。以这种方式向公众展示的不仅仅是天文学。赖特最著名的画作是 1768 年的《气泵里的鸟实验》，这幅作品展示的是，当一位白发苍苍的哲学家把小鸟箱体中的空气抽出后，这只小鸟苦苦挣扎的场景，他的观众则在一旁瞧着，表情从着迷变为不适，最后变为不安。

当这些独特的绘画开始展示发生在富裕家庭聚会前的演示活动，更多的公众对此类演示的渴望也与日俱增。随着需求的增长，场馆、观众和设备也不断增加。英格兰北部有个家庭偶然发现了一个盈利模式，这使他们得以公开讲解夜空长达 70 年之久。他们成功的关键在于，他们并没有以科学的方式来展现他们的演示，而是以审美体验的方式，宗旨就是利用新发现的天文学知识向观众灌输崇高的感觉。

天空的样子

亚当·沃克 1730 年出生于英格兰湖区，他是一个羊毛商的儿子，几乎没有接受过什么正规教育。然而，到了18世纪60年代，他在曼彻斯特开办了一所学校。1766年，他在第一个儿子出生后辞去了工作，从一位退休的讲师那里购买了演示设备，并在随后的几年时间里辗转于英格兰北部、苏格兰和爱尔兰讲授科学。

沃克的工作内容引起了像约瑟夫·普里斯特利这样一些真正的科学家的注意，普里斯特利在18世纪70年代中期发现了氧气，他认为公众应该以科学的方式接受教育，他本人也是一位备受瞩目的讲演者。毫无疑问，他对沃克产生了重大影响，在18世纪70年代晚期，他给沃克提供了额外的演示设备。两个人都认为研究和传播科学是一种高尚的品德。1799年，沃克出版了《熟悉的哲学体系》（*System of Familiar Philosophy*）一书，这本通俗读物旨在分享知识，捍卫科学作为通往个人和社会启蒙的一种途径。他的职业生涯已经非常成功，但让沃克名声大噪的是他决定讲授天文学。为了把夜空和周边宇宙的壮丽带入剧院，他发明了一种被他称为"太阳系仪"的机器，这个词来自希腊语，意思是"天空的样子"。

这台机器没有设计图，也没有仿制品，因此没有人确切地知道它的工作原理，但它显然经历了多次迭代更新，首先是改进设计，然后是扩大制造尺寸，以便沃克和他的儿子们可以在较大的场地使用。从当时报纸发表的许多评论来看，显然沃克的"太阳系仪"是一个悬挂在舞台上的大围屏。在它的前面是各种透明的夜空图像——例如黄道星座和行星的图像，这些图像从后面被照亮。当剧院里的灯光变暗，闪耀的多彩影像仿佛悬挂在黑暗的太空中。但最精彩的部分是，当沃克向观众讲述宇宙的奇迹时，看不见的机械构造呼啸而过，引导"行星"围绕"太阳"旋转以模拟昼夜变换。每个行星都以各自应有的速度运行，共同编织出一幅让观众神魂颠倒的星汉运行织锦图。

《先驱晨报》和《每日广告报》在 1782 年描述完这台机器后这样总结道："它除了展示出最辉煌、最美丽的景象之外，还向人们的内心传达了最崇高的指令。"多年以后的 1840 年，在《科学杂志》上发表的一篇文章也认同这一结论，称类似的装置"至少传递了宇宙是无限巨大的这样一种含义"。亚当·沃克的"太阳系仪"成功地让观众分享到宇宙是崇高的这样一种感受，其中部分原因是它体现了宇宙本身的界定性特征：神秘。观众完全不清楚这个奇妙的装置是如何工作的，就像大多数人完全不知道引力是如何工作的、是如何使宇宙以各种类似于时钟的工作方式去运行的一样。

当 18 世纪行将结束之际，西方世界发现自己被冲突撕得支离破碎，大西洋彼岸是美国独立战争，海峡对岸是法国大革命。除了夺走人们的生命之外，这些冲突还在打破事物的传统秩序，英国丧失了在美国的殖民地，而法国贵族则丧失了对权力的控制。许多人看到，传统的世界观正以一种类似于自然研究的方式被打破，因此他们指责科学及其进步趋势助长了这些剧变。这种关联还因为一些科学家公开宣布同情海外革命者而得以强化，在这些所谓的"持不同政见者"当中就有亚当·沃克的良师约瑟夫·普里斯特利。

1791 年夏天，英国的伯明翰市爆发了多起骚乱。这些流氓袭击了普里斯特利和其他"持不同政见者"甚至是加入名为"月球协会"这一组织的科学家们的家。这场磨难对普里斯特利来说简直太可怕了，他当即被赶出伯明翰，并最终离开了英国。

隐藏在对社会变动加以强烈抑制背后的情感，很容易被看作

　　　　　　　　　　　　给仰望者的星空史

马克斯·韦伯的"祛魅"的一部分，于19世纪初汇聚成"浪漫主义"艺术运动，这场运动旨在关注我们的个性和对自然的情感反应。然而在伦敦，一位目睹了沃克的天文演示的评论员为夜空的新研究进行了辩护。他在《镜报月刊》（Monthly Mirror）上这样说道：对天文学的尊敬和因其具备解密"仁慈"宇宙存在的能力而进行庆祝，与推动世界发生剧变的观点完全相反。

2017年，新罕布什尔大学历史学与人文学教授简·戈林斯基就人们对沃克的演示所做出的各种反应和评论进行了现代分析，他在结论中这样说道："沃克通过在演讲中传达宇宙的雄伟壮观，在观众当中引发了类似于宗教式的惊奇和敬畏之情。"[75]

毫无疑问，正是这种崇敬使沃克家族得以论及曾经被指责为无神论的那些事情，尤其是他们支持多重世界的观念，利用还有其他行星上有人居住这种压倒性的观点来展示宇宙崇高的威严。然而，在伊壁鸠鲁和他的无神论宇宙观与存在其他有人居住的星球这一观点紧密联系在一起之前，沃克家族摆脱了这种关联，转而谈论宇宙是神圣的，进而暗示上帝设计安排这个宇宙就是为了布满行星。这种包含宗教色彩的解释为那些在太空的浩渺中感到飘忽不定的人提供了一张安全网，当时的夜曲也经常使用类似手法。他们通过对比我们的物理感官和科学驱动下的想象力来探讨宇宙是崇高的这个观点，然后当这一切可能变得过于强势时，又利用后世的经文将这一观点推入宗教话题中。

内心的星空

在整个19世纪，科学普及作为一种传播宇宙科学观点的手段越来越被认可，一批骨干小说家注意到这导致人类陷入矛盾，并对这种矛盾情形产生了兴趣。[76]当我们仰望夜空时，主观上我们感觉到我们正在看向一个群星闪烁的黑色穹顶，地球处于某个中心位置。但科学告诉我们，客观上我们看向的其实是一片空空如也的虚无。偶尔出现的针尖状恒星事实上是一个与我们的太阳相类似的燃烧体——一个全新的宇宙"中心"。把我们的大脑对经验的自然解释与事物的真实情况相调和，就可以让我们每个人想象出一幅更加广阔的宇宙"图画"。马萨诸塞州波士顿大学的英语副教授安娜·亨奇曼称这种心理意象为"内心的星空"。[77]

当时的一些作家将我们在日常生活中的主观经验和客观事实之间的难以调和与之相提并论，他们开始挖掘天文学主题，以便写小说时有可以使用的隐喻。这些作家，例如乔治·艾略特、托马斯·哈代、查尔斯·狄更斯和列夫·托尔斯泰等，都会经常在他们的小说描写中提及夜空和天文学家的工作成果。他们从我们为了应对不断变化的对夜空的理解而采取的调适方法中获得灵感，通过虚构一些故事，经常把主角的主观体验与客观叙述者的观点进行对比，而客观叙述者这个角色会将故事的完整情节告知读者。

这些小说家还推动了我们今天认为理所当然的史诗式多视角小说的发展，在小说中，有不同的角色从不同的角度看待彼此的行为，但是只有读者才能客观地了解所有角色的想法。通过这种方式，读者能够以完整的视角看待虚构的世界，同时还能体验每个角色对这个虚构世界的个人感知。

在托马斯·哈代1882年的小说《塔上恋人》前几章中，小说的核心人物斯威森·圣克利夫向维薇特·康斯坦丁求爱时，就讲述了天文学是如何揭开夜空之谜的。哈代在书的前言中透露："这段略显浪漫的爱情故事是一个心愿的产物，旨在将两个极其渺小的生命的情感历程置于极其巨大的星空宇宙的背景之下。"

圣克利夫解释说，星星对我们隐藏了它们真实的本性，只有当我们用望远镜和其他仪器进行更加深入的观察时，我们才会发现面向夜空时所看到的那幅宁静的画面是一个假象。我们会发现，群星变化多端、动荡不安，甚至风云突变，它们相互之间被大片大片令人费解的虚无所阻隔，就像一个人会对陌生人隐瞒自己内心的想法一样。

在乔治·艾略特的最后一部小说《丹尼尔·德龙达》（1876）中，作者使用与星星及夜空有关的词语和短语来谈论人类经验无法触及的那个部分。

小说家并不是唯一试图把关于夜空的新知识与他们与生俱来的经验进行调和的群体，艺术家文森特·凡·高也是这样做的。1888年圣诞节，这位艺术家在法国南部阿尔勒的合租房里，不知不觉地陷入了与艺术家同行保罗·高更的一场争论。尽管他们产生分歧的细节尚不明晰，但结果却糟糕透顶，凡·高回到卧室，用剃须刀片割下部分抑或全部左耳，这引发了一连串的事件，最后以凡·高创作出颇具争议的代表作《星空》宣告结束。

在那年年初，凡·高给他的弟弟写信忏悔。显然，他是在努力填补失去宗教信仰后所带来的空虚，据凡·高说，他"对宗教——我应当用这个词吗——有着强烈的需求，所以晚上会到外面去画星星"。[78]

凡·高受伤后自愿住进圣保罗·德·莫索尔精神病院。有一天，他早早醒来后眺望黎明前的天空。当时的景色轮廓分明，一轮弯弯的新月、明亮的金星和几颗星星在空中熠熠生辉，凡·高便描绘了这一场景。

在《星空》这幅画作中，小镇上伫立着一座教堂，在璀璨繁星下的昏暗之中沉睡着，教堂的塔尖直刺天空，但在前景中，一棵丝柏树清晰地伸向夜空。然而，作品构图中最引人瞩目的部分是艺术家置于图像正中心的闪着微光的旋涡。起初，它看似是超现实主义的一种夸张手法，但对于19世纪的天文学家来说，凡·高的灵感是再清楚不过的了。

1845年，第三代罗斯伯爵威廉·帕森斯建造了当时世界上最大的望远镜，它被称为"帕森城的利维坦"，位于他的祖籍地爱尔兰奥法利郡的比尔城堡。镜面直径为72英寸[①]，安装在一架54英尺长的望远镜中，这架望远镜被悬挂在两堵40英尺高的砖墙之间。

帕森斯利用"帕森城的利维坦"发现，北方的猎犬座中有一个不同寻常的发出微弱光线的旋涡，肉眼无法看见，现在人们认为这个微小的发现是一个包含有数千亿颗恒星的遥远星系。由于在这个缓慢旋转的星系中不断有新的恒星诞生，所以它们就自然形成了那些美丽的旋臂。但在那个时候，它的特性还不为人所知，它只不过是黑夜中的一颗宝石，它的神秘吸引着我们。

因此，凡·高也只不过是把它放到了应在的位置，也许是把它当成自己被夜空中这种神秘迹象所吸引的法宝。

显而易见，当时的小说家和艺术家通过这些对星星进行描绘的方式，把夜空和它的奥秘牵引得离我们更近，把它们引领到我们的寻常体验之中，然后利用我们对这些事情的先天反应来照亮我们的日常生活。在他们看来，所有这一切都可以合理化，就像

---

① 1英寸等于2.54厘米。——编者注

我们能够理解关于夜空的不同观点一样。从本质上讲，这些作家和艺术家在探索宇宙的崇高，以及看到某些事物时却又认为是其他事物的这种矛盾情形。

20世纪90年代中期，我亲身体验了这种矛盾情形。当时我是一名研究生，前往位于澳大利亚沃伦邦格尔山脉地界的赛丁泉天文台参观英澳望远镜。当时我已经获得天文学学士学位，正在攻读博士学位，无论以什么标准来衡量，我对宇宙的理论认识都是熟稔于心的，但当我站在澳大利亚夜空下的第一个晚上，那种崇高的感觉却直摄人心魄。山上没有光源污染，我看到的星星数量令人难以置信，繁星多得不计其数，一开始我都分辨不出那些熟悉的星座。群星看起来那么明亮璀璨，那么"近在咫尺"，以至于我产生了一种不可抗拒的、想伸手从空中摘下一颗的冲动。那是一种奇异的不安感：我大脑的一部分知道那些星星是距离我们极其遥远的一些"太阳"，而大脑的另一部分则告诉我，我可以抓住其中一颗，就好像我是一个神。

后来在思考这种体验时，我断定，当我们的大脑中显现两种相互冲突的画面时，就会出现这种异想天开的情形。通常，当一个画面大到只能由脑力来界定时，反而会出现主观性的和个性化的画面，这种反差甚至可能会激发我们的创造力，也就是那种将无法抗拒的事物封装成我们的脑回路可以理解的东西的欲望。

09

太空乌托邦

人类的征程

随着天文学家对夜空以及其中天体了解得越来越多，人们越发认为它是一个物理的场域，而不是一个神圣的天堂。这意味着人们开始思考如果探索它，会是个什么样子。

天空之梦

自古至今，作家和诗人偶尔会异想天开地幻想飞上夜空，一个早期的例子是《信史》。它是古希腊讽刺作家萨莫萨塔（萨姆萨特的旧称）的琉善在游记中以打趣的方式于公元 2 世纪所写的。故事描述了一次月球之旅，人们发现月球根本就不是天堂，而是一个像地球一样饱受战争蹂躏的地方。

17 世纪，当天文学家利用望远镜开始有了重大发现后，此类故事便随之越来越多。1638 年，英国圣公会牧师约翰·威尔金斯出版了《发现月球中的世界》一书，两年后出版了《关于一颗新行星的论述》一书，这两部著作都普及了伽利略关于月球就其本身而言就是一个世界的观点。威尔金斯还期待飞行器和宇宙飞船的发明，他认为这是人类想要到达以前无法到达的地方的基本愿望。同样是在 1638 年，另一位牧师弗朗西斯·戈德温出版了《月中人》，书中虚构了对距离我们最近的太空邻居所进行的探索，卷首插图出神入化地描绘了一群天鹅如何把主人公送上他的旅程。[79]

有时是天文学家自己写故事。约翰内斯·开普勒在 1608 年写了一部名为《梦》的作品，当时他正在研究行星的运行轨道，书名源于拉丁语"梦想"一词，故事讲述的是 14 岁的冰岛男孩杜拉科特斯的冒险经历，他在日全食期间被一个只能在暗处旅行的精灵带到了月球。开普勒准确无误地描述了在进入月球引力场之前，如何利用加速度克服地球引力，进入月球引力场后则必须减速，然后轻轻地着陆在月球表面。在他的故事中，月球被称为"勒维尼亚岛"，地球被称为沃尔瓦。

安全着陆到勒维尼亚之后，杜拉科特斯就从一个崭新的视角看到了日食的样子，他还亲身体验了月球的两个半球——开普勒称其为萨勃伏尔伐的近侧半球和普利伏尔伐的远侧半球。从普利伏尔伐上看不到地球，它总是在萨勃伏尔伐的上空。开普勒描述了地球如何经历像月球那样的月相变化，并详细描述了从月球上观看的话，太阳、地球和行星是如何运行的。《梦》这部作品非常重要，因为它以故事的形式呈现了科学的见解，开普勒自己从未试图出版此书，直到 1634 年，开普勒的儿子路德维希在他死后安排付印，这本书才得以问世。然而，尽管这本书中有关天文学的描述准确度很高，但开普勒还是不得不先依靠魔法将杜拉科特斯送上月球。

1893 年，俄国博学大师康斯坦丁·齐奥尔科夫斯基的中篇小说《在月球上》，第一次提出了利用火箭进行太空旅行的现实想法。他是俄国理想主义群体中的一员，他们为人类设想了一个大胆的未来：外层空间被征服，月球和行星成为殖民地。齐奥尔科夫斯基是受到了一位名叫尼古拉·费奥多罗夫的俄国图书管理员的启发，才得以对人类的命运提出最激进的观点，这位管理员在莫斯科的鲁勉采夫博物院图书馆里默默无闻。这一系列非同寻常的观点，包括让人死而复生的宗教愿望，引发了一场被称为"宇宙论"的乌托邦哲学运动，最终促成了苏联太空计划和 20 世纪 60 年代的美国登月任务。

费奥多罗夫出生于 1829 年的初夏，他的第一份工作是历史和地理老师，但真正启发费奥多罗夫思考的是未来。作为东正教的信徒，他相信上帝会通过人类来实现《圣经》的既定目标，其中包括通过科学和医学的完美性来促进人类的永生。一旦实现了这一目标，他相信将这一知识推广到死者的复生上是我们义不容辞的责任。

费奥多罗夫认为，这样一来，我们就可以颁行一版《圣经》的最终判决。他相信，我们可以通过科学和医学恢复完美的、上帝赐予的那种状态，也就是亚当和夏娃在伊甸园中的优厚待遇。

费奥多罗夫看到了死亡的两个原因：疾病和事故。他断言，这两种原因都可以通过十分先进的医学和科学加以预防。例如，更好地了解环境可以保护我们免受自然灾害带来的伤害。虽然死亡不可避免，但他仍坚信我们最终一定会发展出令人死而复生的科学技术。不过，我们把这么多人都放到哪里呢？如果没有人死亡，地球上的空间很快就会消耗殆尽。

这就是费奥多罗夫仰望夜空时的情形，他看到了对宇宙的科学理解与预示能够进入天国的《圣经》经文之间存在着一种关联。世界的多重性现在已被普遍接受，这意味着有一个由其他行星构成的广阔宇宙正等待着被探知、征服和殖民。他认为这是人类的命运，进入天国就意味着我们具备离开地球并在太空建立殖民地的能力。

他花了将近 20 年的时间来思考这些问题，尽管他生前没有出版过任何作品（他的《共同事业的哲学》一书在他 1903 年逝世后出版），但他会与所有来到图书馆的人进行长时间的交谈。这为他在艺术界和科学界赢得一批有影响力的崇拜者，并使他获得了"莫斯科的苏格拉底"这一美誉。[80] 小说家列夫·托尔斯泰是他的常客，这或许可以解释为什么他的小说中有那么多对天文学和宇宙的描述。

我们已经知道，他的另一位崇拜者是康斯坦丁·齐奥尔科夫斯基，后者于 1857 年出生于莫斯科西南方向的卡卢加，10 岁时因得了一场猩红热而双耳失聪，并因听力问题而被学校拒之门外，从此离群索居。齐奥尔科夫斯基看起来很古怪，整天读书、迷恋于数学和物理，邻居和镇上的人们都对他避而远之。16 岁时，他移居莫斯科，以方便在各个大图书馆里看书和参加科学讲座，他可以在这些场合使用助听器。正是在莫斯科度过的三年中，他遇到了费奥多罗夫，并开始认同这位年长者对未来的看法。

与费奥多罗夫不同的是，齐奥尔科夫斯基具备将太空旅行的想法转化为科学理论的能力，他开始寻找一种切实可行的方法让人类抵达夜空。1895 年，在参观法国巴黎的埃菲尔铁塔时，齐奥尔科夫斯基首先想到的是一个太空电梯，一个径直延伸到太空的巨大金属塔。当他的计算结果表明，还没有已知的材料足以胜任这项任务时，他便转向通过火箭升入轨道的数学运算。

齐奥尔科夫斯基是位多产的学者，一生发表了 400 多部作品，其中有近四分之一的作品献给了火箭和太空旅行。他最重要的贡献是齐奥尔科夫斯基火箭公式，在这个公式中，他把火箭及其燃料的质量与火箭能够达到的速度关联起来。虽然他不是第一个推导出这个公式的人，但他是第一个在探讨火箭是否能达到进入太空所需的速度时使用这个公式的人。他在 1903 年发表了这篇论述，然后写了一些科幻小说，通过这些小说以更加通俗易懂的方式阐述了他的观点。

《在月球上》讲述了在月球表面醒来的两个男人的故事，它描述了月球上的低重力和由于大气压力的降低而导致水沸点也随之降低。[81] 在后来的作品，比如《地球与天空之梦》（1895）中，齐奥尔科夫斯基描绘了殖民地居民如何能够在月球和小行星上开采贵金属和其他矿产资源，他还描写了我们如何能够在太空建造巨大的温室来播种粮食。《超越地球》（1920）讲的是一群国际科学家的故事，他们在地球轨道上建造宇宙飞船和居住地，以便他们可以通过观测太阳系来建立殖民地。

在齐奥尔科夫斯基留下的数千页文字中，对他毕生成就最好的总结或许就是他自己说过的话："地球是人类的摇篮，但人类不可能永远生活在摇篮里。"然而，虽然齐奥尔科夫斯基知识渊博、技术精湛，但他的作品并没有引起太多的关注，似乎没有人对真正去太空旅行感兴趣，不过这种情况很快就会被改变。

苏维埃的宇宙哲学

20 世纪初，俄国比西方落后，它接受工业化的步伐一直都比较缓慢，当时正面临着新的挑战。城市过于拥挤，新兴产业所依赖的很多工人的生活条件十分艰苦。食物经常短缺，许多人指责统治贵族。在一系列政变中，沙皇被推翻。1917年爆发十月革命，列宁上台执政，5年后红军在内战中胜出，苏联随之诞生。这个新政府承诺将和人民一起为创造更加美好的未来而共同努力，在这个宽泛的信条中，宇宙论找到了自己的归宿。

齐奥尔科夫斯基的作品突然开始广泛传播，苏联的学者阅读他的专业著作，公众阅读他的科幻小说和其他通俗读物。1932年，他甚至在作品《宇宙哲学》中进一步展望了未来。这部作品与其说是一部小说，倒不如说是一篇论著，书中描述了一个人类已经冒险超越了太阳系的各个行星并在恒星之间自由游弋的时代。

在这个新的政治时代，宇宙论引起了强烈的共鸣，其影响力通过1935年的五一节红场阅兵与游行可见一斑。在这样的一年一度的庆典活动中，苏联领导人和人民聚集在莫斯科红场，一同观看阅兵仪式，一同颂扬苏联这个国家。在1935年的集会上，齐奥尔科夫斯基本人应邀向人民群众发表讲话。77岁高龄的他虽然健康状况不佳，但仍自信地谈及未来：

> 现在，同志们，我终于相信，我的一个梦想——太空旅行——将会实现，我已经为这个梦想奠定了理论基础。我相信，你们当中的许多人将亲眼见证第一次飞越大气层的旅行。在苏联，我们有许多年轻的飞行员……[而且]我把最大胆的希望寄托在他们身上。他们将帮助我实现我的发现，并成长为第一艘宇宙飞船的天才建设者。勇敢的英雄和人们将开辟第一条航线：地球到月球轨道，地球到火星轨道以及更远的距离；莫斯科到月球，卡卢加到火星！[82]

几个月后，他在卡卢加的家中去世。当时，苏联正在谢尔盖·科罗廖夫的领导下研制火箭，科罗廖夫出生于1907年，从儿时起就对飞机十分着迷，24岁那年，他在莫斯科帮助成立了国家资助的"反作用运动研究小组"。起初，人们认为火箭可以为航行器提供动力，但科罗廖夫很快就意识到火箭在太空旅行中的适用范围。然而，在他取得重大进展之前，又一场政治风暴席卷了苏联，这不仅有可能摧毁科罗廖夫的所有努力，还有可能危及他的生命。

1936年，苏联领导人约瑟夫·斯大林认定政府成员中有人在密谋反对他，于是便开始了一场消灭政治对手的运动。随着斯大林的妄想症不断加剧并失去控制，起初只是针对共产党的清洗迅速蔓延至政府官员、知识分子、艺术家、地主、学者和科学家身上。1938年，苏联秘密警察前往反作用运动研究小组，逮捕了科罗廖夫和其他人，这些人以各种莫须有的罪名受到指控，他们遭受刑讯逼供并相互指控，全体人员都被判"叛国罪"。

研究小组组长伊万·克莱门诺夫和格奥尔基·朗格马克被处决，科罗廖夫也被判处死刑，并被送往监狱等待执行，好在清洗行动开始失势，最后他的刑期被减为8年，他被关押在一个知识分子劳改营，即所谓的实验设计局。在他被关押期间爆发了第二次世界大战，他被派去设计飞机，包括让飞机更加快速升空的火箭推进橇。

战争结束后，科罗廖夫从劳改营被释放，应征入伍，成为一名红军上校。他被派往德国，在德国与波兰边境附近的佩讷明德纳粹基地搜寻遗留物，那个基地曾经研发出一种新式战争武器——火箭推进式导弹。这个火箭项目的设计者是一个名叫韦恩赫尔·冯·布劳恩的人,随着德国战争机器的崩溃,冯·布劳恩和他的部下按照命令从基地撤退,但他们没有返回德国腹地或落入苏联人手中,而是设法向前进中的美国人投降。冯·布劳恩火箭项目的核心是 V2,即世界上第一枚远程弹道导弹。V2 导弹高14 米,射程 200 英里,被用来攻击盟军的城市,包括伦敦与比利时的安特卫普和列日,致使大约 9 000 人死亡。

对斯大林来说,苏联研制这种导弹是重中之重,科罗廖夫被任命为首席设计师,负责完成这一任务。到 1947 年,他和他的团队已经研究出如何自行建造一枚 V2 导弹,然后他们开始改进设计,到 1953 年,他们已经有把握可以制造出一枚能够携带核弹头直抵美国的导弹。他们将自己的设计命名为 R-7,就在他们开始将这一设计变为现实的同时,科罗廖夫开始设想将这一设计用于破坏性较小的领域:将卫星送入地球轨道。他的同事米哈伊尔·吉洪拉沃夫撰写了一份关于如何使用 R-7 达到这一目的的报告。整个 1954 年,科罗廖夫都在向苏联当局寻求资金,用于建造和发射一颗装有科学设备的人造卫星。但这一想法并未激发任何真正的热情或带来钱款。当时苏联人不知道的是,在大西洋的另一边,其他国家也正朝着类似的目标而努力。

斯普特尼克时刻

德国投降后,韦恩赫尔·冯·布劳恩和 6 名同事于 1945 年 9 月 20 日被秘密转移到美利坚合众国。一到那里,美国就指望他们来培训火箭技术方面的人才,并提供资金支持他们继续自己的火箭研发工作。他们帮着做准备工作并发射了一批从德国运来的 V2

导弹，然后着手研究既可用于军事目的，也可用于科学调研的新型设计。1950 年朝鲜战争的爆发打开了美国的钱袋子，冯·布劳恩开始领衔研制美国第一枚大型弹道导弹——红石火箭。

在那个时期，美国已经充分意识到太空的军事潜力，他们开始设计开发能够从轨道上拍摄敌方领土的间谍卫星，但如此咄咄逼人的举动存在风险。[83] 任何飞越苏联上空的军事行动都可能引发对美国侵犯苏联国家主权的指控。除了关于陆地、水域和空域的国际法外，还没有对一国上方空间的所有权进行法律界定的先例。根据这些规则，一个国家可以没收未经正当授权进入其领土的所有飞船。即使美国只是发射了一颗间谍卫星飞越其领土，苏联也可以诉诸国际法，声称他们的权利受到了侵犯。显然，这是德怀特·艾森豪威尔总统不惜一切代价也要避免发生的事情。

1955 年，在瑞士日内瓦举行的冷战期间超级大国之间的一次重要峰会上，艾森豪威尔总统向苏联领导人提出"太空自由"的概念。他解释说，双方对携带核弹头的洲际弹道导弹的研发造成各自对突然袭击的恐惧。他的解决方案是建议取消太空领域的边界，这样双方都可以部署间谍卫星，以确保各自都不会采取侵略性行动。苏联当即就拒绝了这一提议，认为这是美国找到导弹袭击目标的一种策略。所以艾森豪威尔需要采取一种不同的方法，对他来说幸运的是，这个完美的机会就在眼前。

当时，一个国际科学家委员会正计划进行为期一年的合作，准备以整体视角来研究地球，这项始于 1957 年的计划被称为国际地球物理年（International Geophysical Year，IGY），旨在研究像地球大气层与太空边界处出现的北极光和南极光这样的现象。至关重要的是，苏联当时正打算加入国际地球物理年活动，考虑到观察地球全貌的最佳地点显然是外太空，艾森豪威尔看到了他的机会。

1955 年 7 月 29 日，也就是日内瓦峰会结束后的第十一天，艾森豪威尔的新闻秘书詹姆斯·哈格蒂宣布，美国将发射世界上第一颗人造卫星，作为国际地球物理年活动的一部分。这艘宇宙飞船将携带大量的科学仪器，从一个全新的有利视角开启人类对地球的研究。总统打赌说，没有人会反对一艘科学飞船为了包括苏联在内的国际合作的利益而环绕地球飞行。一旦卫星升空并开始运行，自然就会将太空确立为一个超越国家领土界限的国际空间。

美国的声明迫使苏联当局重新考虑科罗廖夫的科学卫星计划。同年 8 月 30 日，这位首席设计师向莫斯科军工委员会和苏联科学院提交了一份最新报告，他保证能够在 1957 年 4 月至 6 月期间发射一颗 1.5 吨重的科学卫星，这个时间恰逢国际地球物理年计划启动前夕，这样就可以抢占美国人的先机。两个机构都支持这项提议，这颗卫星代号为"D 目标"，没有人就此事公开发表声明。

科罗廖夫投身到工作当中，严厉无情地驱使着他自己和他的团队把 R-7 火箭计划付诸实施，并对它加以改造以适应太空。在美国，艾森豪威尔拒绝使用冯·布劳恩的红石火箭来发射他们的卫星，而是选择了一个由美国海军开发的火箭，代号为"先锋"计划，事实将会证明这是一个错误的决定。

随着 1957 年的到来，苏联和美国的研发团队都为技术问题所困扰。在美国，"先锋"计划的预算已从 2 000 万美元激增至 1.1 亿美元。艾森豪威尔抱怨说，科学家放任了他们的想象力，他们设计的卫星比他当初批准的更大、更精密。他坚定地认为，首要目标是"第一个发射"，而不是相应的科学品质。

苏联也遇到了麻烦，也陷入了同样的境地，因为 R-7 不能提供将庞大沉重的卫星送入轨道所必需的驱动力。科罗廖夫秉承一贯的务实作风，想方设法改变有效载荷。他提议使用全球业余爱好者都能追踪的一个小型无线电发射器，而不是制定一项需要成套设备的科学任务，这样世界各地的业余爱好者就能够进行追踪。发射器会被安置在一个金属球体中，直径只有 58 厘米，由 4 个拖曳天线发射信号。他的新计划获得批准，卫星得以建造，并计划于 1957 年 9 月 17 日进行发射，那天是康斯坦丁·齐奥尔科夫斯基的生日。最后，发射日期推迟到了 10 月 4 日。

发射地点位于哈萨克斯坦，该发射地后来发展成为苏联的第一座发射场——拜科努尔发射场。经过一天紧张的最后检查，这枚被命名为"斯普特尼克 1 号"的火箭于莫斯科时间晚上 10 点 28 分发射升空。一大群曾经为它而工作的工程师在外面看着火箭在漆黑的夜空中腾空而起，飞得越来越高，直到从他们的视线中消失。然后，人群争相向广播电台奔去，等待"哔哔哔哔"的声音，这个"哔哔"声意味着里面的小宇宙飞船（"斯普特尼克 1 号"）已经与火箭分离。他们听到了，但只有几分钟。当高速行进的卫星降到地平线以下时，信号中断了，这是意料之中的，但仍令人感到紧张。卫星真的进入太空了吗？他们仍有所怀疑。

他们对火箭进行编程，以便将"斯普特尼克 1 号"送入 223 千米 × 150 千米的扁长形轨道，这意味着卫星绕地球运行一周仅需 100 多分钟，但他们在分析火箭升空过程中通过无线电传回的数据时，发现了一处故障，这意味着绕行轨道不会像他们原计划的那么大。科罗廖夫当时焦虑不安，决定在明确知道这颗卫星的命运之前，先不给等待中的苏联最高领导人尼基塔·赫鲁晓夫致电，这样就得等到"斯普特尼克1号"从对面地平线上升起信号重新启动的时候。工程技术人员开始焦虑不安地等待。

大约一个半小时后,无线电接收器中再度响起了电子脉搏的跳动声,大家都长舒一口气:"斯普特尼克1号"还在轨道上运行,现场顿时一阵欢呼。科罗廖夫在一个安静的角落里打电话给赫鲁晓夫,人类世界与夜空的关系再一次发生了变化。

太空竞赛

苏联通讯社(塔斯社)向全球发送了人造卫星成功发射的消息,这个消息很快就占据了各新闻头条。伦敦《每日快报》在其"太空时代已来临"的标题中为普罗大众创造了"太空时代"一词。[84] 评论专栏和社论对这个新时代的到来赞不绝口,每个人都迫不及待地加入进来,或者调整好收音机频道以收听来自太空的信号,或者走到户外去寻找人造卫星划过夜空时的那个移动的亮点。

事实上,这颗人造卫星本身实在是太小了,肉眼根本无法看到,但科罗廖夫知道,火箭的庞大身躯依然能将它送入轨道。火箭长26米,尺寸远比直径为58厘米的"斯普特尼克1号"大得多,因而他让工程师在火箭上安装了反射板,把阳光反射到地球上,使卫星几乎和夜空中最耀眼的星星一样明亮。这颗人造卫星几分钟之内就从一边的地平线划过天空到达另一边的地平线,你不可能看不到它,虽然它看起来有点诡异。它看起来只不过是一个光点,几乎无法与恒星区分开来。然而,不正常的过快移动的速度令它卓尔不群。这是人类历史上第一次改变了夜空的模样,人们的反应发自肺腑,甚至有点原始。[85]

美国人霍默·希卡姆当时 14 岁，生长在西弗吉尼亚，后来成为一名美国宇航局的工程师，负责"阿波罗"计划，他在回忆录《火箭小子》（1999 年被改编为故事片《十月的天空》）中，记录了自己看到苏联火箭穿越天空时的情形："我目不转睛地盯着它，就好像那是驾着金色战车从我们头顶上方疾驰而过的上帝，在我眼中，它带着充满艰难险阻却又势不可挡的使命腾空而起，仿佛宇宙间没有什么力量可以阻止它。"[86]

希卡姆并非唯一一个在这种景象前感到卑微的人，美国领导人也被惊得目瞪口呆，他们就这样公开地被苏联人羞辱，并下意识地认为这对美国来说是命中注定的。当时，太空探索已深深根植于战后美国人的意识中，整个科幻文学流派围绕着它成长起来。

那个时代（现在称之为"科幻小说的黄金时代"）的故事常常会探讨关于外星人的看法，对世界多重性的信奉已成为普遍现象。这些故事还研究了先进技术对我们的生活可能产生的影响，其中一些故事展望了到星星上旅行就像穿越海洋的航行一样容易的遥远未来。还有一些故事则专注于在不久的将来我们会对太阳系进行的初步探索，在这一流派中，有位作家独占鳌头，他就是英国作家阿瑟·C. 克拉克，与齐奥尔科夫斯基有些相似，他的科幻小说基于看似合理的技术进步，令人们普遍认为这些先进技术会在 20 世纪得以实现。

克拉克和与他同时代的作家，比如美国小说家艾萨克·阿西莫夫和罗伯特·海因莱因，用基于实证主义基础理念的太空探索故事来取悦读者。这种实证主义只关注使用科学方法能够进行衡量和验证的事物，它将进步界定为"为了实现本不可能实现的目标的技术应用"，而空间探索刚好符合这一界定。

太空乌托邦

冯·布劳恩对这一切所做的贡献使他与当时的美国价值观完全吻合，因此，尽管有评论员对他在第二次世界大战中担任纳粹军官提出疑问，但在推动太空探索方面他却成为一个标志性人物，甚至妇孺皆知。他还是一位撰稿人，为杂志《科利尔周刊》撰写了一系列题为《人类即将征服太空！》（*Man Will Conquer Space Soon!*）的文章。切斯利·博内斯特尔为这些文章绘制了插图，并因形象生动的描绘而对美国公众的太空探索观念产生了重大影响。

博内斯特尔于 1888 年出生在加利福尼亚州，十几岁时在圣何塞附近的利克天文台举办的一个夜间公众观测活动中，他透过望远镜看到了土星，自此便对天文学产生了浓厚的兴趣。他在纽约哥伦比亚大学学习建筑学，后来又为计划中的旧金山金门大桥绘制插图，以便那些可能给予赞助的人能够看到他们的资金会投到什么地方。随后他前往好莱坞工作，创作写实插图用作比如 1939 年的《巴黎圣母院》和 1941 年的《公民凯恩》等电影中的背景。

1944 年，当他开始把艺术和对天文的兴趣结合在一起时，灵感便喷薄而出。他重新将精力放到对土星的热爱当中，创作了一系列画作，并准确地描绘出如果一个人站在一颗行星的不同卫星上，这颗巨大的行星看起来会是什么样子。他精细的画风让人们感觉这些画作是真实的照片，并因此引起了轰动。在美国宇航局的机器人宇宙飞船于 20 世纪七八十年代问世之前，博内斯特尔的绘画风格塑造了公众对进入太空会是什么样子的想象。

他的风格之所以引人瞩目，是因为他延续了源自伯克和康德崇高观念的美国山水画传统。纵观 19 世纪，像托马斯·科尔、艾伯特·比兹塔特和弗雷德里克·埃德温·丘奇等这样的艺术家，绘制了北美最令人印象深刻的风景画。他们所描绘的场景，常常能够唤起人们进入美国西部开发地区边缘的感觉，当时的美国人正向这个区域挺进，他们的作品以一种能够激发敬畏感的方式将这一点呈现出来。博内斯特尔正是以同样的方式绘制了卫星和行星的画面。在没有真实照片或其他参考资料的情况下，博内斯特尔通过想象绘制出岩石山峰和巨大的外星景观，反映出 19 世纪那些绘画前辈眼中的地球景象。绘制月球时，他会通过展示人类渺小的形象，甚至是出现在远景当中的火箭飞船全身，来突出和强调画面景观中的排山倒海之势。在创造这些画面的过程中，博内斯特尔找到了诠释康德崇高宇宙观的完美方式。

在那十年中，人类让自己与夜空得以关联的方式快速地发生着变化：人类不再是坐在星空下凝视它们，而是宣称对它们的主权，把它们变成人类的领地。美国和苏联都认为这是他们的天命，因此，"斯普特尼克 1 号"的成功对美国人的傲慢是一个沉重打击，动摇了他们认为自己是世界领袖的设想。

1957 年 10 月 5 日的《纽约先驱论坛报》称之为"美国的惨败"，共产主义和资本主义之间的斗争在夜空中拉开了帷幕。从这场意识形态战争中汲取生存养分的塔斯社发表声明称："现在的一代人将见证，新的社会主义社会的人民得到释放的自觉劳动是如何将人类最大胆最冒险的梦想变为现实的。"

来自亚拉巴马州亨茨维尔的一位匿名消息人士加深了美国的困境，他告诉美联社，他感到"愤怒和痛苦"，因为如果美国领导人授权使用已得到验证的红石火箭，而不是落后的先锋火箭，美国本来可以先发射的。《人造卫星：世纪之震》一书的作者保罗·迪克森认为，这个匿名消息人士就是冯·布劳恩本人，他意在对不信任他的美国当局进行回击。

为了应对危机，美国人加快了"先锋"计划的进程。他们没有为国际地球物理年计划发射科学卫星，而是迅速组装了一颗名为"先锋TV3"的测试卫星。它几乎与"斯普特尼克1号"一模一样，发射日期定在"斯普特尼克1号"发射后的两个月：12月6日。然而，在这一天到来的前一个月，苏联人再次抢占了他们的先机。1957年11月3日，"斯普特尼克2号"搭载着第一个离开地球的生物——一只名叫莱卡的狗——进入了轨道。

在"先锋TV3号"发射当天，人们架好胶卷相机以捕捉美国进入太空竞赛的历史性时刻。整个国家目睹了倒计时到零时火箭呼啸而起的场景。当"先锋TV3号"开始朝着轨道长距离爬升时，人们屏住了呼吸，在离开地面仅1.2米处火箭失去了推动力，宛如慢镜头一般坠向地球，撞击出一颗巨大的火球。新闻报道对此进行了猛烈抨击，把这颗美国卫星叫作"搞砸卡普特尼克号"和其他类似称谓，极尽轻蔑之能事。在联合国，苏联代表团问美国代表团是否希望从"欠发达国家预算"中获得援助，从而激怒了他们。《纽约先驱论坛报》因国耻而痛心疾首地写道："在拥有一个'卡普特尼克号'或拥有一个至少能够在上空绕轨运行的某种东西之前，华盛顿的人们应该保持沉默。"

多亏有冯·布劳恩设计的红石火箭，这个"某种东西"终于在1958年1月31日抵达了太空，将预定的科学卫星"探险者1号"送入轨道。德国科学家的专业知识令人不得不佩服，美国又回到了太空竞赛场，同时"探险者1号"还有一个十分重要的发现，即地球被辐射带所包围，如果不采取适当的预防措施，辐射带可能会对宇航员和电子设备造成危险。

为了不再被抢先一步，美国方面成立了美国宇航局，并责成该局紧急迅速地加大美国对太空的探索，旨在使美国成为空间技术和空间探索领域的引领者。但并非所有人都认同这样做的必要性，相当多的公众认为空间探索是将技术成就置于地球人类基本需求之上的一种徒劳。这些人拒绝权威，捍卫个人自由，当然他们也不需要游历到太空去欣赏夜景。随着这种观点被广泛接受，他们促成了 20 世纪 60 年代最初的反主流文化，其后是 20 世纪 70 年代的"新时代"精神。

然而，这些运动并非空穴来风地去反对美国宇航局，它们是 19 世纪风潮的延续和发展，这股风潮试图恢复许多人认为在启蒙时代被丢掉的一些东西，他们认为科学和技术是一个完全错误的转折点，夜空是一种应该从远处凝望的东西，因此，他们抱着重振占星术的兴致开始再度沉迷在夜空当中。

10/

触摸星空

太空时代的来临

19 世纪美国诗人沃尔特·惠特曼在他的诗歌《一堂天文课》中，捕捉到了当时西方世界许多人的幻灭感。他写道：

> 当我听到博学的天文学家的演讲，
>
> 当证据、数字罗列在我的面前，
>
> 当我看到那些星表和示意图，
>
> 并对它们进行添加、分割和测量，
>
> 当我坐着听见天文学家在演讲室里于热烈的掌声之中演讲时，
>
> 很快地，我竟莫名其妙地感到厌倦，直到我起身悄悄地溜出来，独自一人漫步在，
>
> 神秘而潮湿的晚风中，时不时地，
>
> 静静地仰望星空。

在惠特曼看来，科学对测量和精确性的强调切断了我们与星星之间的情感联系。他在这首诗中指出，重新连接的方法就是忘记数学，以开放的心态站在夜幕之下。他没有否定天文学家的工作，他只是认为看待事物的方式有两种。然而，对于 19 世纪的

一些人来说，这是一种过于包容的观点。他们想抛弃科学革命的结论，用物理学无法企及的奇思妙想来重新沉迷于夜空。海伦娜·布拉瓦茨卡娅就是这些人当中的一个。

占星术的现代复兴

布拉瓦茨卡娅于 1831 年出生于叶卡捷琳诺斯拉夫（第聂伯罗彼得罗夫斯克的旧称），那里曾经是俄罗斯帝国的一部分，但现在属于乌克兰。布拉瓦茨卡娅出身于特权阶层，她的祖母是俄罗斯贵族，父亲是德国贵族。1842 年，年仅 28 岁的布拉瓦茨卡娅的母亲死于结核病，快 11 岁的布拉瓦茨卡娅被送到伏尔加河畔的俄国大城市萨拉托夫，由她的祖父母抚养成人。布拉瓦茨卡娅就是在她十几岁的时候，在祖父母那里对所谓的深奥知识产生了兴趣。

隐微论（esotericism）包含了一系列的信仰，这些信仰取决于存在着一种推动自然界的神奇力量。无论会是什么，它都存在于一个我们无法丈量的精神领域。它是形而上的，它的运行超越了因果的正常界限。对于那些相信深奥知识的人来说，物质世界通常被看作一种阻碍，因为它掩盖了真正的精神世界。

纵观历史，人们长期以来一直对深奥的知识很感兴趣。它与基督教一起出现在古典世界里，目的是停留在哲学中严格的理性主义和宗教所要求的信仰之间的中间地带。这个词语本身就是由古希腊讽刺作家萨莫萨塔的琉善出于奚落而创造出来的。

布拉瓦茨卡娅声称，她是从曾祖父的图书馆里的书中了解到这个问题的，曾祖父在 18 世纪 70 年代是共济会成员。许多共济会成员，包括她的祖父在内，也是玫瑰十字会成员，这是一种精神秩序，是对启蒙时代的一种回应。它拥抱了已被科学抛弃的深奥学科——炼金术、巫术和占星术。玫瑰十字会主义本身就是一个更古老的传统赫尔墨斯主义的一部分，以"天上如是，地上亦然"的微观世界–宏观世界学说为核心。"赫尔墨斯主义者"以神话中诸神的使者赫尔墨斯的名字命名，他们相信关于占星术的一个观点，该观点认为行星影响着地球上的环境，但不直接支配我们的行为。这意味着我们需要对大自然进行更深入的思考，才能理解这些来自夜空的影响是如何发挥作用的。

布拉瓦茨卡娅后来说，在她有所发现的那段时间里，她曾得到出现在幻象中的一个神秘印度男人的指引。她还说，她学会了通过"星体层"来投射自己，这是一个存在于天地之间的所谓看不见的、构成真正的现实的"光"领域。据说它与"星界"共享一个空间，但我们的肉眼是不可能看到的。它是天使、恶魔和灵魂的家园。

布拉瓦茨卡娅接下来 25 年的生活很难厘清，因为她的叙述中充满了矛盾，不过故事的核心是，她经历了许多伟大的旅程，从而获悉了更多的精神生活方式。她的想法通常来自东方的宗教和哲学，她声称遇到过许多高手，包括魔术师、沙门和巫师。她断言，自己的超自然能力已经发展到一定的程度，以至于当她进入房间时，家具会自动移动。1864 年，她从马背上摔下来昏迷几个月醒来后，终于学会了控制自己的力量。她接着说，她进入了西藏（这可能是一个不寻常的举动，因为该地区在 19 世纪是不对欧洲人开放的），在那里她被带到一座寺庙，被教授了一门秘密语言，以便阅读秘密手稿，学习古代知识。尽管大多数历史学家和传记作家认为她的故事只不过是异想天开，但她的思想最终影响了全世界数以百万计的人们。

19世纪70年代，维多利亚时代的人爱上了唯心主义这一概念。降神会非常受欢迎，被看作一种精神层面的证据，而精神层面通常又被认为是星体层面的同义词。当布拉瓦茨卡娅访问美国时（这次是真的），她遇到了一位对精神现象感兴趣的记者亨利·斯蒂尔·奥尔科特。他完全被布拉瓦茨卡娅的魅力迷住了，并开始推销她的作品。1875年，他们建立了神智学会，神智的意思是神的智慧。这个学会避开了以前的政治和贵族等级制度，倡导人人平等和建立在精神启蒙基础上的未来。

1875年，布拉瓦茨卡娅著述《揭开伊西斯的面纱》一书，书中概述了神智学的原理，并引入了意指隐性知识的术语"神秘主义"（occultism）。她的作品立即遭到批评，因为她从其他具有深奥知识的出版物中抄袭了大量作品，却没有提及素材的出处。奥尔科特挺身而出为她辩护，声称她无法接触到那些其他的书籍，并表明所有相似之处都一定是因为布拉瓦茨卡娅从精神上挖掘出了它们所描述的根本性真理。

抛开作为作家的学术道德规范不谈，《揭开伊西斯的面纱》一书是深奥传统和它试图掌握的神秘"真相"的集大成者，它显然是基于柏拉图关于隐性完美的"实在"（reality）的那些观点。起初，柏拉图的"实在"是一个完美的数学领域，但对布拉瓦茨卡娅来说，它是精神的非物质维度。布拉瓦茨卡娅并没有像柏拉图那样断言，理性思维可以让我们更接近对它的理解，而是附和了赫尔墨斯主义者，并认为她的隐性实在只能通过精神的方式来靠近。

布拉瓦茨卡娅说，神智学让曾经广为人知但已经消失数千年

给仰望者的星空史

的古老智慧起死回生，对这一知识的误解导致世界各地产生许多不同的宗教。她还认为，19世纪的西方世界因为痴迷于物理的、可测量的宇宙而进入最艰难的时期。她说，走出这条思想死胡同的唯一途径是专注于更多的精神启蒙，她认为占星术是从星体层面获得这种精神智慧的一条途径。

占星术自17世纪以来一直处于低迷状态，当时由于缺乏可测量的直接证据而遭到科学家的抵制。布拉瓦茨卡娅为占星术进行辩护时重复了托勒密的观点，即占星术是绝对可靠的，但要解释清楚却是困难的，这才导致了错误。与托马斯·哈代在揭示星星运行的天文学和认知另一个人的思想之间所进行的类比相似，布拉瓦茨卡娅将占星术比作新兴的心理学科，称在这两个学科当中，人们都必须超越"可见的物质世界"才能看到真正的真理。

布拉瓦茨卡娅生活的年代恰逢心理学作为一门科学学科兴起之时。19世纪80年代，西格蒙德·弗洛伊德开始进行后来创建了其精神分析学的那部分工作。弗洛伊德认为，人们的行为方式受潜意识的驱动。通过治疗可以将这些无意识的想法、感觉、欲望和记忆显露出来，人们就能够搞清楚他们行为举止背后的原因，并对自己所做的决定变得更加客观。

布拉瓦茨卡娅采取了类似于占星术的方法，她说行星的位置能够揭示我们生活当中经常出现的偶然事件背后的原因。早在公元2世纪，托勒密就认为星空对我们的影响通过天气和自然的力量来传递。既然科学家们已经证明这是错误的，布拉瓦茨卡娅就提出了一个定义上明显无法测量的关联。为了与"天上如是，地上亦然"这一观点保持一致，她提出行星的位置本身并不是造成我们行为举止和在我们身上所发生的事情的原因，而是行星在回应那些环绕着和影响着我们的、同样的一种精神力量。换言之，它们是对这种精神能量的间接探索。

布拉瓦茨卡娅之所以提出这么一个神秘的关联，是为了唤起我们在凝望夜空时体会到的那种崇高感。她坚持认为，老练的占星师通过解读行星的位置可以确定地球的"走势"，这有点类似于心理学中的无意识欲望。尽管《揭开伊西斯的面纱》在科学上令人难以置信——或者也许正是因为如此——在商业上却取得了成功，神智学分会在世界各地迅速涌现。到 1885 年，已建立 120 多个分会，其中绝大部分位于神智学的诸多观点得到人们广泛认可的印度次大陆及其周边地区。

布拉瓦茨卡娅因为声称自己具有超自然能力而引发了更大的争议。尽管她声称的内容遭到质疑，但当印度的神智学会的两名前雇员声称有证据证明她是骗子时，这起丑闻仍然引起英国全境新闻界的轰动。这两人声称，那些奇迹般出现在她的招灵会上的信件是由同伙通过暗门送达的。当这些指控发表在伦敦《泰晤士报》上之后，当时新成立的心灵研究学会的一名成员立即离开伦敦前往印度进行调查，并得出结论：布拉瓦茨卡娅的招灵会只不过是精心策划的表演把戏而已。[87]

渡过难关之后，她在伦敦定居下来，继续出版从物质宇宙的存在到人类进化的各种书籍。从这一时期起，她所有的作品都非常强调占星术，这或许是英国占星师艾伦·利奥（Leo，狮子座）在 1890 年对神智学产生兴趣的原因所在。

出生于 1860 年的威廉·弗雷德里克·艾伦，是现代占星领域的一位开创性人物。[88]他重塑占星术的一个根本原因是他拒不接受托勒密占星术的复杂性，即行星、太阳和月亮的位置全都需要估算。相反，他大力提倡的观点是，太阳施加的影响力最大，占星术是分析性格的工具，而不是预测未来事件的手段。在他看来，出生时太阳所处的星座决定着一个人的性格。因此，所有射手座的人都拥有相类似的性格特征，所有双鱼座、白羊座等星座的人也是如此。现代占星术的"星座"概念就这样诞生了，这也是艾伦在1885年将自己的名字改为"利奥"的原因，他想借此表明他出生时太阳正在穿越哪个星座。

1898年，利奥创办了《占星师杂志》，几年后将其更名为《现代占星学》。为了吸引读者，他向每位订阅者免费提供个性化的星座解读服务，从而开创了延续至今的报纸占卜潮。和布拉瓦茨卡娅一样，他也受到了批评，但科学家和其他妒意丛生的占星师称之为江湖骗子的攻击只会令他名声大噪。

到1915年，利奥共出版了大约30本关于他重新构想的占星术学说及其与神智学观点之间的相关性的著作，其直接和间接的影响都非常巨大。1913年，作曲家古斯塔夫·霍尔斯特与一群艺术界的朋友在马略卡岛度假时，随手拿起利奥的书《什么是星座？》阅读，然后就对占星术产生了兴趣。利奥的文笔是如此强劲有力，以至于霍尔斯特开始信心十足地为朋友算命，这次经历激发他创作了现今闻名遐迩的音乐组曲《行星》，这个组曲从占星学角度体现了行星可能对我们的人格产生的影响。

看到人们对占星术的热情再度高涨，布拉瓦茨卡娅和利奥将其视为一次以更具灵性的方式认识自我的转变，这种方式令我们重新建立起与夜空的联系，并为物质世界的消亡和布拉瓦茨卡娅预言的即将到来的精神时代做好准备。他们甚至胸有成竹地利用天文学为这个新时代的到来确定好了日期。

布拉瓦茨卡娅关于神智学的论述一度引起人们对岁差这种现象的关注。我们第一次提及岁差是在第 2 章，地球的缓慢摆动，致使北边方向经过 25 772 年的时长在夜空中留下了一个大圈轨迹。随着天空中北边方向发生变化，天球赤道（地球赤道在太空中的投影）的方向也随之改变。这个方向变化至关重要，因为它会影响地球上春分到来的时间。地球的在轨运行导致太阳产生一条横跨天空的通道，它被称为黄道。在一年当中，太阳看起来依次从每个黄道星座前面经过，在 12 个星座都被造访一遍之后便进入下一次循环。天球赤道与黄道之间成 23° 角，这意味着这两个巨大的圆圈只有两处能够相交，当太阳抵达其中一处时，这一处被称为"交点"，地球上即为春分和秋分：白天和黑夜时长相等。

当北极回旋式移动时，天球赤道会随之而动，二分点的位置也会绕着黄道带缓慢蠕动。计算历法时考虑到这一点，也就意味着虽然春分和秋分总是分别出现在 3 月 21 日和 9 月 21 日前后，但太阳在此期间经过的星座数千年来却在逐渐发生变化。当代占星师赋予这些交叉点以特殊意义，称之为"星座时代"（与我们在第 6 章提及的以及到 20 世纪已淡出人们视线的"伟大时代"相对应）。但是占星师们在如何以最佳方式计算星座时代上存在分歧。简而言之，整个岁差周期大约需要 2.6 万年，共有 12 个星座，因此粗略的估算是把这个周期平均分配给每一个星座，即每个星座的时代大概持续 2 166 年。根据这种计算方法，春分大约始于公元前 2166 年，发生在白羊座，之后每一年确切的位置都会向前挪动一点，直到公元 1 世纪前后进入双鱼座一直持续至今，并将于公元 2166 年前后进入水瓶座。

每个占星师通常都有自己用来界定星座时代之间的分界线的

方式，进而推算出新时代的日期，而根据利奥的计算，就当时来说，新时代的到来不是在几百年后，而是在仅仅几十年之后。他声称新的星座时代将于 1928 年 3 月 21 日开始，这使得每个人都迫切需要做好准备。这个即将到来的精神启蒙新时代开始被称为水瓶座时代。

希望和恐惧的投影

占星术在 20 世纪初的复兴引起了精神分析学家卡尔·荣格的注意。或许利奥真的以为占星术是用来进行性格分析的一种工具，抑或认为我们与夜空存在关联的这种流行理论的复兴，只是引起了这位瑞士精神分析学家的兴趣。不管是什么，他发现这是上帝的一个启示。

在 1911 年 5 月 8 日给西格蒙德·弗洛伊德的一封信中，他这样写道："在这些黑暗的土地上，有一些怪异而奇妙的东西。恳请您，不要担心我徘徊在这种无边无际里。我会带着丰富的人类心理知识的战利品满载而归。"他确实做到了。他得出结论，夜空是一面完美无瑕的镜子，能够从心理上反射出我们最隐秘的想法。

荣格的看法是对弗洛伊德就人类如何进行思想活动所持观点的延伸。弗洛伊德认为，我们的行为受到未实现或被压抑的欲望的驱使，这些欲望在我们的潜意识中日益腐化，并给我们的思维方式造成负面影响。他说，我们每个人在出生时都是白纸一张，挫折和怨恨只是后来在我们各自的生活过程中积累起来的。荣格认为这种观点过于简单化，在他看来，我们的潜意识在出生时就已经承载了各种想法和观念，并称之为原型（原始意象），它们等同于心理学中的本能行为。

荣格开始发展这些想法，因为他注意到在病人对他们的梦境和幻想的描述中出现了源源不断的各种主题，他还为描述中不同宗教和神话中反复出现的主题和图腾所震惊。弗洛伊德认为实践经历塑造了我们，而荣格则认为这些经历只是改变了那些原型在我们的思维中的表现方式。他指出，你只要仔细观察，就总能发现能够证明那些初级原型仍在发挥作用的蛛丝马迹。

他在著作《原型与集体无意识》中罗列出 12 种主要的原型，有些与我们自己有关，比如：人格面具，即我们呈现给世界的自我意识形象；自我，即我们真实自我的全部总和；阴影，即我们压抑着的所有消极冲动。还有与他人相关的一些其他原型，比如：母亲，即一个养育者的角色；圣人，即传授智慧的人；还有骗子，即我们无法信任的人。荣格认为，除了这些例子，还有更多的原型。他相信，人类在创立黄道星座的过程中只不过是将原型投射到那些星星上，一如人类在逐渐发展神话或宗教的过程中所做的那样。他在《心理结构与心理动力学》一书中写道："繁星闪烁的苍穹实际上是一本打开的宇宙投影之书……那些原型就投影到了这本书中。"他的结论是，他在研究占星术的过程中从它所包含的核心神话中获悉了人类思维的结构。他写道："占星术是一种质朴的心理投影，人类的不同做派和禀性被描述成不同的神的做派和禀性，并与不同的行星和黄道星座相匹配。"[89]

虽然荣格收集了大量的证据来支持他的观点，但弗洛伊德非常讨厌他的看法，以至于他们之间产生了裂痕。在此后的几十年里，荣格的原型观点虽然也遭受到不少的批评，但在对布拉瓦茨卡娅的灵性与费奥多罗夫的太空飞行倡导进行对比时，他的基本观点是显而易见的：人类共同拥有一些重要的观念，然后将他们个人的希望和恐惧投射到夜空当中。

虽然布拉瓦茨卡娅的神智学和费奥多罗夫的宇宙论看起来是难以调和的对立的意识形态，但从荣格学派的角度来看，它们几乎是完全相同的，因为二者都在追求同一件事情——天堂或一个新时代的到来。荣格认为，追寻天堂是一种重要的原型欲望，在这种欲望的独特表现形式中，两位对手都把天堂放置在夜空中（就像以前宗教所做的那样）。两个新兴哲学之间的唯一区别在于，费奥多罗夫认为只有物质是存在的，而布拉瓦茨卡娅则认为物质层面掩盖了精神层面。这一关键差异使他们在迈向天堂的方式上的愿景大相径庭。

费奥多罗夫认为，人性的完美需要物质层面的操控：首先是通过运用技术，其次是通过现在所说的基因工程改变我们自己。如此我们便可以获得永生，并在浩瀚无垠的宇宙中开枝散叶，同时殖民其他星球。布拉瓦茨卡娅则认为人类之所以出现问题，就是因为我们过于关注物质层面。她声称，我们只有通过发展"看不见"的人类精神层面，才能将宇宙了然于胸。这两种观点或者说二者之间的微妙差别在太空竞赛中被不同立场的人所利用。荣格认为人类将自己的希望和恐惧投射到夜空当中，关于这一观点他们提供了一个教科书式的范例，20世纪60年代，这两种立场的人围绕着将第一批人类送入太空这一话题，使争论达到了登峰造极的地步。

太空旅客

尤里·加加林成为这一梦想的实现者。1934年3月9日，他出生在距离莫斯科约200千米的偏远的克卢希诺村庄，他的父亲是一名木匠，母亲是一名挤奶女工。1961年4月12日，27岁的加加林成为第一个进入太空的人。

美国和苏联都于1959年开始实施载人航天计划。在长久地只是这么仰望夜空之后，人类被送入太空显然是必然会发生的事，现在真正地去体会身处太空中的感觉这个时机已经到来。即使不是每个人都能前往太空，但至少我们可以派遣几个幸运儿，然后让他们把经历描述给我们。

美国宇航局为"水星"计划挑选了7名宇航员，并于1959年4月9日将他们送到华盛顿特区拥挤的新闻大厅。苏联也在挑选宇航员，但更为低调，而且在决定过程上花费了更多的时间，他们先是将入围名单从20人删减到6人，然后于1960年5月30日最终敲定了人选。加加林就是入选成员之一，1951年当他在萨拉托夫工业技术学校学习拖拉机时加入了空军学员队伍。当应征入伍到苏联军队并接受"米格-15"喷气式战斗机的驾驶训练时，身为学员的他展现出非凡的航行天赋，而且在这方面也很擅长。与此同时，科罗廖夫的团队正忙于设计和测试能让他在太空飞行中存活下来的"东方号"太空舱。

在美国，美国宇航局在"水星号"太空舱的研制上也取得了进展。他们从之前的错误中汲取经验教训，这次让冯·布劳恩负责发射太空舱的"红石-水星"火箭。1961年1月31日，这名德国人发射了一个测试飞行器，使其进行了为时16分39秒的亚轨道飞行。这一轨道能让太空舱滑行进入太空，然后自然而然地落回地球。这项测试的重要意义在于它搭载了一名"乘客"——黑猩猩哈姆。

哈姆在飞行之前接受了一看到灯光闪烁就去触压按钮的训练。哈姆在任务结束后随太空舱冲入大西洋，美国海军在那里将它救起，发现它除了鼻子有擦伤之外身体状态良好。它在这次飞行时大约4岁，之后又活了22年。哈姆的任务记录数据显示，它对闪烁灯光的反应仅受到几分之一秒的削弱，美国宇航局因此得出结论，人类在太空飞行过程中控制仪器是有可能的。哈姆的成功为人类的飞行铺平了道路。艾伦·谢泼德被选为进入太空的宇航员，并开始认真的准备工作。这对所有相关各方来说都是激动人心的时刻，但就在他们到达发射台之前，科罗廖夫按下了将加加林送入太空的按钮，美国再次落败。

发射于1961年4月12日进行。加加林在整个飞行过程中与地球保持着无线电联络，这要归功于驻扎在世界各地的苏联船只在他飞经头顶时能够收到他的信号。当他第一眼看到窗外的地球时，他便开始描述小积云及其投射到地球表面的阴影。接着描述中断，他只顾喊道："太美妙了！美极了。"后来回到地球上，他说，当时从175千米～300千米的高空上看到的景象非常清晰，就像在高空飞行的喷气式飞机上看到的一样。他看到了大片的山脉、蜿蜒的河、大片的森林、海岸线和岛屿。[90]他在整个飞行过程中不停地重复说他感觉好极了。

大约飞行18分钟后，太阳开始落山，他把太空舱内较亮的那些灯关掉想看看是否能够看到星星，随后当太阳从地平线上消失时，他突然陷入了黑暗，群星开始闪烁。他发现星星比从地球上看到的更加明亮、更加清晰。飞行57分钟后，加加林看到了我们地球的大气层环拥着地球的地平线。他告诉地面控制人员："我能看到地球的地平线，它有一轮美丽的蓝色光环，天空是黑色的。

我能看到群星，这是一幅绝妙的景象。"

大约 20 分钟后，加加林的太空舱完成了绕地轨道飞行，穿越大气层开始下降。他按照计划弹射后跳伞返回地球，降落到萨拉托夫附近的一片田地里，他原来就是在那里开始学习拖拉机的。一名妇女和儿童走近他。

"同志们，不要害怕！"他说，"我是你们的朋友。"

"你是从太空来的吗？"那个女人问道。[91]

第二个月，美国宇航局将他们的第一名宇航员送入了太空，艾伦·谢泼德最终进入亚轨道，进行了一次持续 15 分钟的短程飞行。在那个月底，肯尼迪总统就已经赢得了国会的支持，准备倾全国之力在 20 世纪 60 年代末将人类送上月球。他的顾问们认为，这是一场美国能够获胜的竞赛，但即使没有获胜他们也认为："我们能够排在第二名总是好过什么都没有……如果我们未能接受这一挑战，可能会被理解为缺乏国家精神和应对能力。"[92]

同年 7 月，美国人格斯·格里松进行了一次与艾伦·谢泼德相类似的飞行，但是直到第二年 2 月，美国宇航局才将约翰·格伦送入太空绕地球轨道飞行了 3 圈。而苏联的盖尔曼·蒂托夫已经于 1961 年 8 月在持续执行任务 23.5 小时的"东方 2 号"上绕地球轨道飞行了 17 圈。毫无疑问，苏联在太空竞赛中胜出，他们取得的技术成功对美国领导人来说是难以接受的。

与此同时，肯尼迪总统在国际上还面临着其他窘境。古巴导弹危机和越南战争加剧了美国社会的动荡。人们认为传统权威已经失灵，一场反主流文化运动骤然兴起，旨在倡导一种不同的做事方式。它代表一个平等、开明的社会，与神智主义思想相呼应，这个社会将以一种更具精神性的方式接触自然界，而不是试图以技术来征服自然世界。因此，甚至当肯尼迪于 1962 年 9 月 12 日站在得克萨斯州休斯敦市的赖斯体育场辩称，登月代表人类不可剥夺的探索欲望时，美国民众对投入这项事业中的时间、金钱和精力感到越来越不满。到了 20 世纪 60 年代中期，整个政府预算中大约有 5% 拨付给了美国宇航局，而其中大部分被用于登月计划。[93]这在大多数人看来都太过分了。

贯穿 20 世纪 60 年代的民意调查显示，一直有 45% ～ 60% 的美国人认为"阿波罗"计划不值得耗费那么多的投资。[94]然而自相矛盾的是，抛却令人眼花缭乱的成本，显然大多数人是支持美国宇航局的总体目标的，这一点被《罗马新闻论坛报》于 1971 年 2 月 2 日完美地进行了概括。该报报道称，有 200 名黑人抗议者在"阿波罗 14 号"发射的当天上午，游行到佛罗里达州的卡纳维拉尔角（当时的肯尼迪角）。他们抗议，当游行队伍中有很多人连生计都难以维持时，政府却把数十亿美元花费在登月计划上。援引抗议活动领导人之一霍齐亚·威廉斯的话说："我们并不反对美国在外太空取得的成就，我们是在抗议国家在人道优先事项上的无能。"当被问及发射本身的壮观场面时，他说："我认为发射极为出色，那是我一生中看到的最壮丽的景象。"

加利福尼亚州富勒顿学院的历史学家马修·特里布对反对太空计划的细节进行深入研究后发现，对美国登月持有的这种观点遍及各类群体。[95]年轻人和老年人、男性和女性、政治右翼和左翼、科学家和艺术家，他们当中并没有单一的支持模式。支持或者反对太空探索本身就是一个全新的概念，这表明了太空探索对人类来说是多么全新的体验，意味着不能仅凭了解一个人的偏好而对其反应加以预测，它根本就不适用于任何历史观念，因此也不能仅凭以往的经验加以判断。

就像荣格认为我们把希望和恐惧投射到夜空中一样，太空计划也成为我们内在信念的避雷针。那些相信进步力量的人认为，太空竞赛的成就预示着一个敢于冒险并将以科技帮助解决地球问题的新前景的到来。那些不认同这种对技术的看法的人则认为太空探索是对基本人性的悲剧性背叛，它把宁静的夜空变成了一个污秽的政治角逐之地，尤其是因为到达那里的唯一途径是运用研发出来的能将我们所有人都置于核毁灭阴霾之下的科学技术。

与此同时，关于太空的故事开始转向更加阴暗的、认为太空探索本身就是罪魁祸首的一些主题。在迈克尔·克莱顿 1969 年出版的小说《天外病菌》中，受到一种外星微生物污染的一个太空探测器返回地球，这种外星微生物对任何接触到它的人都会形成致命的威胁。在 1968 年上映的经典僵尸电影《活死人之夜》中，那些死人凭借着在地球大气层中爆炸的一个太空探测器带回的地外放射性物质"复活"了。

虽然一直以来都有关于外星人入侵地球的科幻小说，比如 1898 年 H. G. 威尔斯的《世界大战》，但这些新型故事的不同之处在于，它们认为给地球带来危险和毁灭的不是外星人，而是人类的狂妄自大。《星际迷航》显然是个例外，该部系列剧于 1966 年首映，是对 20 世纪 50 年代切斯利·博内斯特尔曾参与制作的那些乐观主义电影的一种回归。它呈现了一种人类和外星人共同探索未知世界的乌托邦式的愿景，一开始它收视率爆棚，但三年后却因收视率不佳等因素于 1969 年夏天停播。[96]

阿基米德点

虽然大多数反对"阿波罗"计划的人这么做，是因为他们觉得钱可以花在其他更有用的地方，但也有一些人表达了一种存在主义的恐惧感，他们害怕人类进入太空会切断我们原本与地球的联系，甚至剥夺我们的人性。

美国哲学家汉娜·阿伦特于1958年出版了自己的著作《人的境况》，她在这本书中讨论了历史上人类活动何以总是会产生意想不到的影响。她和其他许多人一样，认为伽利略凭借望远镜得到的发现（以及同时代人的发现）是历史的一个转折点，阿伦特把这个转折点界定为知识积累从哲学家传递给科学家的时刻。她辩称，这并非一件微不足道的事情，因为哲学家从相对被动的思考中获得知识，而科学家则主动地从设备建造、实验和测量中获得知识。因而她认为，在这样的切换中，去做事情而不是思考事情会自动与知识积累联系在一起，从而取得进步。她认为在这个过程中，我们已经丧失了对为什么要做事情的思考。

阿伦特认为，由于科学家在不断地进行实验，所以他们能够做到一些地球上非自然发生的事情。例如，原子分裂和随后氢弹的研发在地球上释放出与推动恒星运行一样的反应堆能量，这一过程以前只有在远离地球的太空深处才可能发生。她认为，在把这些力量带到地球上的过程中，我们正与地球的本源和独一无二的人间生活渐行渐远。她还认为，20世纪发展起来的那些可能产生巨大飞跃的理论（量子理论和相对论）会让宇宙变得越来越难以理解，因为它们以极其怪诞的数学方式来解读现实，令我们无法真正领会其要义。我们只是利用这些理论的数学公式盲目地让一些事情发生，反而不考虑我们是否真的应该这样做。

在她看来，"斯普特尼克 1 号"是一次奇特的事件，不同于历史上发生的任何事情，因为穿越夜空意味着我们会不可避免地把人类送入其中。因此她在著述中指出，与其一头奔向月球，不如对人类进入太空可能产生的后果进行反思和讨论。她认为，这样的讨论至少能给我们一个弄清楚为什么要探索太空的机会，并找到一种人人都能听懂的语言来描述这一行为。

阿伦特之所以如此谨慎，是因为她相信太空最终能够提供一个可以观察地球的"阿基米德点"。这是一种科学观念，当一个人与所研究的对象相距足够遥远，那他就可以完全客观地来审视它。以这种上帝的视角进行观察是科学家最看重的，因为这能使他们弄明白自身没有参与其中的一些事情。但阿伦特担心的是，我们一旦跃入太空，就不会再把地球视为我们的家园，就会失去对地球所有细枝末节的体验和感知，转而只是将其解读为一串又一串冰冷的数据和一个又一个的数学关系。

正是在这种充斥着冷漠和极其严重的警告的背景下，人类登月成功了。

登上月球

第一次月球着陆发生在 1969 年 7 月 20 日，这次任务被称作"阿波罗 11 号"，登上月球表面的宇航员是尼尔·阿姆斯特朗和巴兹·奥尔德林。在那一瞬间，公众的反对意见基本被遗忘了，世界以一种前所未有的方式团结在一起。5 亿人（当时占世界总人口的 14%）收看了尼尔·阿姆斯特朗成为第一个在月球上行走的人的电视报道，其中有 1.25 亿～1.5 亿名美国观众，时至今日，这次报道依然是美国历史上收视率最高的电视节目。[97]

在苏联，只有稀稀落落的几家报纸轻描淡写地报道了这一事件。1965 年，宇航员阿列克谢·列昂诺夫在宇宙飞船外待了 12 分钟，完成了人类历史上第一次太空行走，听闻这次人类成功登月的消息，他把自己的感受总结为既羡慕又钦佩。他在《月球的两面》一书中说，他记得自己听到"阿波罗 11 号"发射成功的消息时就在想，如果自己不能够成为第一个在月球上行走的人，他希望刚刚成功升空的美国宇航员能够做到这一点。事实上，自从 1966 年首席设计师谢尔盖·科罗廖夫因胃病而接受常规手术时意外死于手术台上开始，苏联就已经退出了这场竞赛。随着科罗廖夫的离去，苏联在这之后的太空计划乏善可陈。

由此，美国在取得技术和经济成就的非凡壮举中赢得了太空竞赛中最闪耀的桂冠。阿姆斯特朗和奥尔德林返回地球后成为民族英雄，无论走到哪里，都受到人们的颂扬。但这一成就也使批评变得更加尖锐，使怨恨恶化为厌恶。太空探索日益被贴上精英论的标签，成为体现毒害美国社会的不平等的白人奢侈品。许多美国人在仰望夜空时感受到的不再是敬畏，而是抬头看到了不公。

为了填补因排斥科技前景而造成的空虚，越来越多的人再度开始了解布拉瓦茨卡娅通过神智学所提倡的那种精神，这导致人们对占星术和深奥知识的信仰开始迅猛扩散，使反主流文化运动转变为"新时代"运动。

"新时代"思想的特色在于承袭了深奥知识的观点，认为物质世界是遮蔽了真正的精神世界的一种幻觉，从而说明反对太空计划是正当的：如果物理世界被视为一种幻觉，那么太空探索就是有史以来最愚不可及的行为。"新时代"的拥趸则可以通过致幻药物的使用开启他们自己的精神世界之旅，从而使他们为即将到来的、能够引领他们进入水瓶座时代的精神革命做好准备。

　　几乎整个社会彻头彻尾地摒弃了太空探索，以至于在"阿波罗 11 号"发射后仅一年，多数美国人甚至"记不起"阿姆斯特朗这个名字了。[98] 尽管后来美国又先后完成了"阿波罗"计划中的 6 次发射任务，但唯一一次引起公众同等关注的是"阿波罗 13 号"，这是因为宇宙飞船上发生的爆炸几乎夺走了宇航员的生命。政客们也失去了兴趣。在实现了冷战目标之后，华盛顿方面大幅削减了美国宇航局的预算，迫使其取消了十次登月计划中的后三次。最后一次登月任务于 1972 年 12 月实施，那时社会向前发展，我们与夜空和周围宇宙的联系似乎被彻底切断了。

　　但是，就像很多关于夜空的事情一样，外表是会骗人的。

11/

真正的魔力

人类与星空的未来

从远古时代起，人类就开始仰望夜空，想知道它是什么，为什么会在那里。在寻求答案的过程中，我们总是试图以某种方式把自己与星空王国联系起来。在历史上的不同时期，我们通过各种神灵的行为，或者通过可以预测未来事件的神秘力量来寻求一种关联，抑或是寻求一种关联作为塑造我们性格的手段。随着科学的出现，似乎这种执着的小小愿望终于能够得以实现。但在 20 世纪中叶，却发生了非同寻常的事情。

有少数科学家证明，人类与夜空之间的的确确存在着一种必不可少的关联，这种关联甚至能够解释为什么我们被一个巨大的宇宙所包围。这一过程为新派宇宙魔法播撒下种子，只要还有人仰望星空，这些种子就会永久存续，因为这种魔法并非某种神秘的观点，而是源于能够测试的科学。但是，这些科学家根本就没有打算这么做，他们只想知道是什么让星星熠熠生辉。

来自星尘

到了 20 世纪初，物理学家发现了物质的真正本质，其奥秘就在于万物均由微粒组成。1887 年，英国物理学家 J. J. 汤普森首先取得突破，他发现，从电路负电荷端发射出的所谓阴极射线是由亚原子粒子构成的，他称这些粒子为电子。1909 年，出生于新西兰的物理学家欧内斯特·卢瑟福迈出了下一步，他证明原子由一个环绕着电子的中心原子核组成，这个原子核自身又由两种不同类型的粒子构成：质子和中子。

质子的数量多少决定原子的化学特性，例如，氢原子只含有 1 个质子，而氧原子则含有 8 个质子。这些研究发现，原子核储存的能量在它们相互作用时可以释放出来，这一点越来越清晰。新发现的这种相互作用被称为核反应，这种核反应遵循着两条基本路径：核聚变和核裂变。核聚变是较轻的原子核结合在一起形成较重的原子核，核裂变是一个较重的原子核分裂成两个或更多个较轻的原子核。

20 世纪 20 年代，英国天体物理学家阿瑟·埃丁顿提出，核反应能够为恒星提供动力，而出生于英国的天体物理学家塞西莉亚·佩恩在她的博士论文中表明，恒星主要由氢气和氦气构成。这就意味着氢和氦这两种元素是迄今为止宇宙中含量最丰富的化学物质。所有这些作品鼓舞着一批又一批的研究人员，他们逐渐地将我们对恒星如何产生能量的最新认知结合在一起。

氢和氦约占宇宙原子质量的 98% 已毋庸置疑，其余的 2% 由所有其他化学元素组合而成：岩石中的硅，空气中的氮，水中的氧，等等。

氢和氦是在宇宙形成过程中日渐形成的，也就是在天文学家称之为大爆炸的那个时候，回看那个时候，即大约 140 亿年以前，它们大概是"唯一"存在的元素。20 世纪 50 年代，英国天体物理学家弗雷德·霍伊尔和他的搭档们撰写了一系列论文，阐述了其余 2% 的元素如何通过恒星内部的核反应得以形成。他们的基本观点是，在每颗恒星的中心都有一个与生俱来的核反应堆，这个核反应堆逐渐积累了从氢到铁的各种元素，然后这些元素在恒星寿终正寝时倾泻而出喷射到太空中。

有时，恒星在自身生命即将结束之际会通过微风将这些元素排出，因为它们耗尽了进行转化所需要的氢燃料，这将是太阳在大约 45 亿年之后的命运。在天际的远端，任何质量超过太阳质量 5 倍的恒星都会在被称为超新星的巨大爆炸中消亡。实际上恒星是把自己炸成了碎片，它在这股巨大的能量流中同时产生了比铁重的化学元素，并将它们撒播到太空当中。这种超新星就是第谷和开普勒两人发现的"新恒星"的成因，现代天文学家已经查明了这些时运不济的恒星所产生的仍在不断膨胀的气体和尘埃云。

霍伊尔和他的同僚在取得这些巨大飞跃的同时，开始意识到这项工作具有振奋人心的意义：我们血液中的铁、肺中的氧、DNA 中的碳全都是数十亿年前在恒星的核心中产生和形成的。宇宙耗费了数十亿年的时间才形成一代又一代的恒星，进而形成像地球这样的行星和我们人类这样的生命所必需的元素，经过这段时期，浩瀚的宇宙便演变成我们今天所看到的样子。

剑桥圣约翰学院图书馆里有一封信，信中详细描述了霍伊尔如何把这一重大消息透露给他的妻子，他漫不经心地说，她厨房炖锅中的铁是用远古时代的星星制作的。1966 年，年轻一代的天文学家卡尔·萨根的学识更加渊博，他写道："我们人类的骨骼是由数十亿年前（在一颗衰老的恒星中）产生的钙构成的。"[99] 但把这一科学结论提炼成最令人难忘的溢美之词的则是加拿大歌手兼作曲人琼尼·米切尔，她在 1969 年创作的歌曲《伍德斯托克》的副歌部分唱道："我们是星尘……"

基于这些结论，科学便为我们和周边宇宙赋予了一种可能的最为密切的关联，这种认知通过赋予与宇宙的一种有形联系，从而在科学和"新时代"思想之间架起了一座桥梁，而且并未就此止步。尽管人们对"阿波罗"计划的成本持有强烈的异议，但不可否认的是，人们对此次登月任务发回的图像产生了一种情感上的连接。但对公众冲击最大的并不是月球表面的图像，而是我们地球的景象，而且这件事意外发生在尼尔·阿姆斯特朗那著名的一小步的前一年。

地球升起

在距离美国最终赢得登月竞赛不到一年之前，苏联又取得了一次重大胜利。1968 年 9 月，苏联发射了"探测器 5 号"，完成了一次往返月球的飞行。航天器携带了包括苍蝇、蠕虫、植物种子和海龟在内的生物样本，以及一个装有辐射遥感器的人体模型。这在美国人看来是一个明确的信号，那就是苏联打算在不久的将来至少会把宇航员送入月球轨道，也许就在 1968 年年底之前。考虑到美国宇航局花费的巨额资金令人瞠目结舌，他们不可能再被抢风头了。

当由于技术故障而不得不重新调整阿波罗发射计划时，美国宇航局官员借机提出一个在圣诞节到来之前将三名宇航员送入月球轨道的新计划，并得到各方一致赞同。1968 年 12 月 21 日，"阿波罗 8 号"飞船搭载着宇航员弗兰克·博尔曼、吉姆·洛弗尔和威廉·安德斯在卡纳维拉尔角腾空而起。仅仅飞行 3 小时 36 分钟之后，他们就已经完成了人类有史以来在太空飞行的最远距离，超过了 1966 年皮特·康拉德和迪克·戈登搭乘"双子座 11 号"创下的 1 369 千米的飞行纪录。他们在远离地球时回头望了望地球，映入眼帘的是一幅人类从未见过的景象：整个大西洋就在眼前，四周被陆地环绕，西边是美洲，东边是欧洲和非洲。

"我们现在看到的是佛罗里达的美丽景色，"洛弗尔告诉任务控制中心，"与此同时我能看到非洲。西非风景优美，我看着佛罗里达的同时也能看到直布罗陀。"[100]

任务控制中心让他拍张照片，然后按计划进行通信系统检查。尽管当时他正在执行任务，但任务控制中心还是忍不住问道，现在的景象是什么样子，洛弗尔说："我现在透过中间窗户可以看到整个地球，我能看到佛罗里达、古巴，以及中美洲的整个北半部，也就是从阿根廷一直到智利的全部区域。"

在接下来十分钟左右的时间里，乘组人员拍摄到了人类历史上第一张完整的地球照片。在乘组人员返回地球后，美国宇航局摄影实验室洗出的这张照片令人惊喜万分：南半球位于照片的顶部，南美洲全貌一览无余；云层覆盖了地球的大部分区域，但是宇航员的出发地佛罗里达却阳光明媚，太阳从厚厚的云层后面破茧而出。蓝色的大西洋占据了地球的下半部分，在照片的左侧可以看到西非的海岸线，夜晚正降临到非洲大陆，地球处于盈凸阶段。[101]

尽管这张照片美丽如是，但并非宇航员在那次任务中拍到的最摄人魂魄的地球照片。

在 1968 年圣诞节前夜，"阿波罗 8 号"指挥舱进入第四圈绕月轨道飞行，安德斯正在拍摄月球表面，以便为后续任务确定可以着陆的地点。一切都运行如常，突然他惊叫道："我的天啊，快看那边的风景。"

地球正从月球的地平线上缓缓升起，安德斯转动相机，抓拍到了这幅场景，从此诞生了一幅标志性的照片：《地球升起》。尽管此时此刻，地球是大约35亿人的家园，但飞船上的任何一位宇航员都可以用手轻而易举地遮住眼前他们地球家园的光线。

2018年，安德斯在回忆这一刻时写道："我想起了在那个小小星球上的妻子和五个孩子。决定他们命运的力量同样会波及其他35亿居民。从我们小小的太空舱里看去，整个地球似乎还没有我们三个人栖身的船舱大。"[102]

那天晚些时候，几位宇航员开始向地球进行电视直播，据估计，大约有5亿人在观看这场直播，他们向全世界展示了他们之前看到的景象。他们把黑白摄像机对准窗外传回画面——在崎岖不平的月球上空悬浮着一个半亮半暗的地球。就在观众欣赏这一神奇景象时，洛弗尔说道："巨大的孤独感唤醒了人们的敬畏之心，它能够让你意识到原来你在地球上所拥有的一切。"

不久，宇航员便开始诵读《圣经》。[103] 在制订飞行计划时，有人告诉他们要说一些恰如其分的话。但是，当你身为一名工程师而并非诗人，要就人类从未有过的经历向你的同胞（以及许多其他国家的人民）发表讲话时，什么样的语言才是恰如其分的表达呢？这些宇航员难以抉择，所以他们的妻子也参加到了讨论当中。当发现还是不知道该说些什么时，他们又把朋友请来。最后，有人提议：朗读一段《圣经》。就这样，他们诵读了《圣经·创世记》的前十节。但真正引起观众共鸣的是通过直播看到的地球影像，而不是这种宗教信息。

跟随宇航员的视角一同回头遥望地球的观众中有一个是美国

诗人阿奇博尔德·麦克利什，他当即就意识到这一景象的重大意义，立即为《纽约时报》撰写了一篇具有先见之明的分析报告，这份报告在几小时之后的圣诞节当天就被发表出来了。

这篇题为《地球上并肩的骑手，无尽寒冷中的兄弟》的作品，描述了人类对自身的认知如何一直依赖于人类对地球的认知，并委婉地提及，人类对地球的认知从来都是由人类与夜空之间的关系决定的。[104]麦克利什为证明这一观点还说道，地球一度是宇宙的中心，上有天堂，下有地狱；上帝住在天堂，人类曾是他唯一的关爱。随后出现了科学革命，上帝不再是世间万物的神圣缔造者。在这种无神论的自然观看来，人类只是碰巧成为一个物质宇宙的栖息者，这个宇宙既不是为他们设计的，也不是为确保他们永生而创建的。麦克利什甚至称我们为"一场毫无意义的闹剧中无助的受害者"，恒星的能量被以氢弹的形式带到地球这种观点，使人类"超越了理性的范围……迷失在荒谬和战争中"。

随着绕月航行的推进和由此带来的看待地球的新视角，麦克利什寄希望于我们迎来了又一个分水岭：看到地球镶嵌在无边的夜空之中，会让我们重新评估作为人类的意义。人类从认为自己是上帝的宠儿，转变为认为自己是毫无意义的技术发展的受害者，到现在又认为我们驾驭了这些技术以图精准地看清我们在宇宙中的位置。持有这种新观点之后，麦克利什寄希望于"人类最终能够成为自己"。现在我们终于能够意识到，未来掌握在我们的手中，我们通过自己所做的选择来决定我们自己的命运。

他还期盼这种新的认识能够以前所未有的方式把人类团结在一起。他写道："看到地球真实的样子，即悬浮在无尽的沉寂中，渺小、蔚蓝而美丽，就如同看到像骑手一样并肩站在地球上的我们自己，像兄弟一样在无尽的寒冷中明亮可爱的我们自己，这些兄弟现在才知道他们真的是兄弟。"

地球冉冉升起的彩色画面不仅在美国，而且在全世界激起了一种敬畏之情，它的力量在于，它为我们提供了一种前所未有的审视我们自己的视角。纵观历史，我们仰望漆黑的夜空，看到镶嵌在夜空中的那些天体，但我们从未以这种方式看到过地球。现在我们有了这个视角，就会深信不疑地认为我们不是远离宇宙的一个部分，而是宇宙中不可或缺的一部分。从理性上来讲，这一点我们以前就知道，但亲眼所见则把这个知识转化成切实的情感体验，对大多数人来说，这正是让他们感受到我们的地球与更加广袤的宇宙之间有相互联系所必需的那种落差感。这与汉娜·阿伦特担心人类在回望地球后可能发生的情况恰好相反。幸好我们并未脱离人性，反而强化了人性。

1983 年，作家唐·德里罗在他的短篇小说《第三次世界大战中的人性时刻》（*Human Moments in World War III*）中描述了同样的感受。就在故事的开头，一名宇航员正望向地球，德里罗描述说"这一景象带给人类的满足感是永无止境的，就像是为了一生中的疑惑和难以言表的渴望去寻求答案一样"。而那张名为《地球升起》的照片的重要性只会随着时间的推移与日俱增。2003 年，《生活》杂志的编辑出版了《改变世界的 100 张照片》，他们选择的封面主图就是这张《地球升起》。美国荒野摄影师盖伦·罗厄尔在照片评注中将其描述为"有史以来最具影响力的环境照片"。它的确完美地诠释了西方绿色运动，同一个地球，同一个家园。

2018 年，安德斯借照片拍摄 50 周年之际圆满地总结了这一点，他这样写道："我们启程前往探索月球，却发现了地球。"[105]

"阿波罗 17 号"在其最后一次登月任务中飞行 5 个多小时后拍摄到的那张地球照片，引发了前所未有的巨大影响。[106] 飞船在大约 4.5 万千米之外拍摄到了一个完整的被照亮的地球。[107] 非洲不偏不倚位于图片中央，金色的撒哈拉沙漠清晰可见。12 月份的南半球正值夏季，南极洲的冰面完全被照亮，在照片中占据醒目位置。地球上空白云缭绕，图像右上方是造成 80 人死亡的泰米尔纳德邦气旋。它完美地概括了地球的美丽和地球上生命的脆弱性。

　　这张照片于 1972 年 12 月 23 日星期六向媒体公开，同样立即引起了轰动，登上了地球上几乎所有报纸的头版。这张照片现在被称为《蓝色弹珠》，理所当然地成为"阿波罗 17 号"最重要的组成部分。照片公开发表后，成为有史以来被复制次数最多的图像之一，即使不是被复制最多的，它也已经成为环保运动的象征。

融入宇宙

　　在宇航员返回地球后，每当他们试图用语言来描述自己的经历，太空计划的另一个完全意想不到的结果就开始显现。他们在训练过程中已经确切地知道航天器的飞行方式，轨道为什么能够发挥作用，以及在任务期间按照计划会发生的每一件事，但他们没有为进入太空中可能产生的情绪效应做好准备。当谈及自己的经历时，显然他们所有人都感受过非常根本性的变化。

　　吉恩·塞尔南在月球行走是"阿波罗 17 号"任务的一部分，他告诉《大西洋月刊》："你必须使劲地掐着自己，默默地问自己一个问题：在时间和空间的维度，从现实和存在的角度，你知道此时此刻你身在何处吗？当你望向窗外，你看到的是天空中最美丽的那颗星球，之所以说它最美丽，是因为除了外观美丽之外，它还是我们了解的、熟知的那颗星球，它是我们的家园，它代表着人类、家庭、爱和生命。你可以从一个极地看到另一个极地，你的视线可以跨越海洋和大陆，你能看到它在转动，却没有什么绳子在牵动它，它就在那儿超乎想象地在黑暗中前行。"[108]

许多宇航员都提及，他们感觉与宇宙之间有一种深邃玄奥的联系，并且能够感受到地球上所有的生命都是一个整体——即使这些观点出自一些渴望发展"更高阶意识"的新时代大师之口，听起来也并不会显得格格不入。

在更加人性化的层面上看，"拉斯蒂"拉塞尔·施韦卡特飞入环地轨道是"阿波罗9号"任务的组成部分。他的妻子开玩笑说，他前往太空时爱的还是她，从太空返回后爱的却是地球，他是在一次太空行走中顿悟的。像往常一样，那次太空飞行的活动安排以分钟计算，但是有台摄像机发生了故障，施韦卡特无法按照任务控制中心不断发出的指令进行工作，而是自行悬浮在地球的上方，这给了他时间反观内省。他的脑海中浮现出一个问题：一名在新泽西长大的孩子是如何到达现在这个位置上的——与其说是在沿着预定轨道飞行，倒不如说在某种程度上是人类的一名感知使节。"我宣称自己成为一种感知元素……就像双耳中生出的眼球，指尖上长出的眼睛……好像人类开始走出地球母亲的子宫。"[109]

从第一批宇航员如何描述他们在轨飞行时所看到的景象，可以看出太空飞行可能带来的心理变化的初步迹象。约翰·格伦是第一个绕地球轨道飞行的美国人，在他返回地球后的日子里，每当被问及成为第一个绕轨飞行的美国人是什么感觉时，他的回答通常都会清晰地避开民族自豪感，而是谈及我们这个星球有多么美丽。他尤其记得那些日出，当他绕着地球飞速前行时，大约每90分钟就会出现一次日出。1997年，他告诉《美国历史杂志》，当你置身于地球时，你所看到的日出是金色和橙色的，但当你置身于太空时，由于地球大气层的光学效应，你所看到的日出的颜色就变成了令人叹为观止的彩虹七色。[110]

对于那些在太空中待过几天的宇航员，尤其是那些登上过月球的人来说，这种感觉被放大了。埃德加·米切尔在月球上行走是"阿波罗14号"任务的一部分，他对自己的观点的变化非常清楚。1974年，在经过几年的思考之后，他告诉《人物》杂志："你立即会产生一种全球意识，一种以人为本的意识，一种对世界现状的强烈不满，以及一种想做点什么的冲动。当你远离地球从月球上看，国际政治显得那么微不足道。你想揪住一个政客的后脖颈，把他拽到这25万英里之外的地方对他说，'看看那颗星球，你这个浑蛋'。"

他还发现，先前已知的科学事实突然具有了全新的意义。他从轨道上看到的星星比从地球上看到的多出10倍，这促使他开始思考近期的科学发现，他身体当中和太空舱当中大多数的原子是数十亿年前在巨星的核心区域形成的，与那些星星之间的这种关联令他狂喜不已。"当我意识到我身体的、宇宙飞船的和我同伴的分子都诞生于一代远古的恒星雏形，不知为何，这种飞行突然变得非常私密，而不再是一个公开目标，'哦，是的，分子和原子是在那些恒星中形成的'。不，**我的**分子是在这些恒星中形成的，这真是一个'极大的惊喜'！"[111]

回到地球后，他便开始为自己的感受寻找原因，或者说至少是一个类似的说明，以便搞清楚其他人是否也经历过这种非同寻常的心理状态，但他在熟悉的科学领域中未能找到任何有帮助的信息，在他看过的宗教读物中也没有任何发现。后来，帕坦伽利的一部名为《瑜伽经》的古代文献引起了他的注意，这部书汇集了瑜伽的智慧和实践。其中一部分是对心灵融入宇宙的冥想状态的描述，在这种状态下，冥想者全身心地专注于一个对象，以至于他们的意识状态与周围环境能够融为一个充满愉悦感的整体。读完这段描述，米切尔意识到在他身上发生了什么，但极不寻常的是这部《瑜伽经》在米切尔飞向太空之前 1 500 多年就问世了。

从早期任务中返回的每个人都发生了改变，而且这种改变在任务结束后无法消除。从太空的视角看地球使人类认清一个事实，即我们的地球是一个美丽的独立存在，生活在地球上的人类是一个统一的整体（即使人类认为他们应当分为不同的国家）。米切尔用一句话总结道："我们前往月球时是科技工作者，从月球返回后却成了人道主义者。"[112]

"阿波罗 11 号"的宇航员迈克尔·科林斯在阿姆斯特朗和奥尔德林进行月球行走时驾驶着指令舱，他认为这种体验具有非常积极的作用，他说："遗憾的是，到目前为止，（从太空看地球的）这个视角在某种程度上一直是少数试飞员的专属权利，而非那些需要这种新视角的世界领导人，也不是那些可能会把这种视角传递给领导人的诗人。"[113]

尽管这轮登月计划已经结束，但美国和苏联仍在继续将人类送入轨道，从太空俯瞰我们地球的人越多，就越有证据表明这种经历会产生真正的认知转变。1987 年，作家弗兰克·怀特根据 25 名宇航员的公开表述出版了一本关于这一主题的书，并创造了"总观效应"这一术语作为书名。他将这种效应的共同主线描述为一种对地球的美丽和脆弱的敬畏感，进而使人们理解了所有生命之间的相互关联性，并重新产生了保护环境的责任感。

2006 年，美国精神病学家伊娃·伊尔向 175 名宇航员各发送了一份匿名问卷，询问他们在太空中的经历。在回答问卷的 39 人中，每个人都说身处太空是一次具有重大意义的经历，这种经历使他们在态度和行为上发生了积极而持久的变化，这些反应中最强烈的都与地球的美丽和脆弱有关。有趣的是，伊尔发现这种反应并不会因人口群体、飞行任务的次数或在太空中停留的时长而有所不同。[114] 换言之，一旦你从这个神一般的有利位置看到过地球，你就会永久地被它改变。

近年来，一些研究发现，敬畏情绪（在总观效应中表现得十分明显）可以对我们的生活产生变革性的影响，它让人们变得更加无私，精神压力和时间压力更小，不再那么贪图物质享受。[115]似乎敬畏感削弱了人们对自我重要性的感知，使他们更愿意以有利于集体的方式行事。宇航员所经历的总观效应只是这些影响中一个极端的例子（正如帕坦伽利的《瑜伽经》印证的那样），并不是实现这一效应的唯一途径。

观看日落这样的自然现象，凝视着一片开阔的风景，冥想，研究一件伟大的艺术作品或亲身体验一场音乐表演，所有这些也都能产生同样的敬畏感。从一个新的角度了解事物也可以这样，了解对一种神秘现象的科学解释或许也可以。正如本书开头所述，体验敬畏感最简单的方法就是站在夜空下凝望群星。然而在这个时代，城市生活的光污染在很大程度上让星星从我们的视野中消失了，正因如此，对许多人来说，产生敬畏感并体会我们祖先自然而然就能感受到的那种与宇宙的联系的最简单方式已经完全遗

真正的魔力

失了。是这样吗？

再一次，仰望星空

事实上，宇宙前所未有地触手可及，人类有史以来第一次不需要站在夜幕之下就能感觉到与宇宙之间的联系。太空计划现在已经把机器人送到了太阳系的各个角落，太空望远镜探测到的太空深度超过了历史上的任何时候，而且这些图像不是存储在大学校园里，而是可以在互联网上免费获得。现在，当机器人在火星上缓慢移动时，几乎每个人都可以通过它的眼睛看到周围的情形，或目睹威力相当于10亿枚原子弹爆炸的令人叹为观止的太阳风暴。我们可以看到遥远星系在相互碰撞中挣扎，或者一探恒星诞生的摇篮。到2019年，我们甚至可以看到掩藏在附近星系中心的巨大黑洞的轮廓。

所有这类奇迹都只需按一下按钮就可以看到，这是一部终极点播真人秀，它正与夜空构建一种历史上独一无二的关系。我们以一种前所未有的方式看到了彩色的宇宙、特写的宇宙和有形的宇宙，正因为如此，夜空比以往任何时候都离我们更近。现在，无论是纪实的纪录片还是虚构的电视剧，你都可以从中看到对深空和行星的准确描绘。在乔治·卢卡斯1977年划时代的电影《星球大战》中，首先映入你眼帘的是美丽的蓝色大气层——和尤里·加加林所描述的他在太空飞行中看到的地球大气层一样——包裹着虚构的塔图因星球，然后才是宇宙飞船轰鸣着从屏幕上方来到你的眼前。

站在这一宇宙新视角前沿阵地的是哈勃太空望远镜，自1990

年发射以来，它一直在源源不断地提供光耀千古的各种景象图片，这些景观在很大程度上帮助我们与宇宙重新建立起联系。它们向我们展示了深空最远处的情形、正在爆炸的恒星、自相残杀的星系、彗星和行星之间的碰撞，这些神奇的景象不胜枚举。即使你不理解所看到的事物的物理原理，仅这些图像本身也是美丽绝伦的，因为它们代表着比我们的地球要大得多的一种事物，令人望而生畏。渐渐地，这些图像和现在太空中各式各样的探测器生成的其他图像正在将我们人类与宇宙重新连接起来。

我第一次隐约感受到这种新的连接是在 2012 年 8 月 6 日美国宇航局的"好奇号"火星车登陆火星之时。那天我早早地起了床，以便在互联网上追随这次登陆，社交媒体上谈论此事的人数之多令我震惊不已，聚集在纽约时代广场观看这次登陆现场直播的人群之众也令我震惊不已。不过所有这一切当中，最有趣的也许是降落模块上没有摄像头，我们观察到的是美国宇航局任务控制中心人员的面部表情和反应，间接体会他们与航天器之间、他们与宇宙之间的连接。

我认为我们正在重新体验一种并非基于神秘联想或神秘主义的夜空魔法，这种真实的魔法来自对夜空的科学研究，以及科技让我们得以拍摄到的图像。美丽的图像和令人叹为观止的现实加在一起，让人类对宇宙本身以及人类在解开宇宙奥秘上所获取的成就产生敬畏。

通过进入夜空，我们现在可以回望地球，并对它的美丽肃然起敬。我们颠覆了传统的思维方式，令人敬畏的不再是太空，而是地球脆弱的平衡。这才是太空竞赛的真正遗产：不是特氟龙或其他什么所谓的技术衍生产品，而是我们意识到，我们的地球并不像我们表面上认为的那么巨大。

更加显而易见的事实是，夜空现在对我们的影响比历史上以往任何时候都要大。我们与宇宙之间的联系比以往任何时候都更紧密，然而我们却没有意识到这一点，因为我们认为这不过是稀松平常的事情。我们现今使用卫星进行通信、天气预报和导航。甚至还有从高速旋转的恒星上收集无线信号的原型时钟，它们的时间比地球上的大多数时钟都更加准确。[116] 我们现在利用空间做的所有事情都与最早的狩猎采集者用它所做的事情一样。我们已经回到了原点，只是由于科技的发展，我们现在的所作所为更为可靠而已。

尽管现在城市生活占据着主导地位，但人们依然在追寻夜空。根据大量的报道，旅游业在 2017 年出现了所谓的"太空旅游"经济增长。[117] 这类旅游的目的是去观看日食、北极光或者只是体验那种身处真正的黑夜之下的感觉。随着企业不断地开发和销售"太空旅游"项目，通过从太空视角遥望地球来体验总观效应的人数只会越来越多。我们当中似乎越来越多的人注定会感受到天文学家弗雷德·霍伊尔（他发现人类是由星尘组合而成的）话语中的智慧，他说："太空一点儿也不遥远，如果你开车一直朝上走，不过一个小时的车程而已。"[118]

2005 年，在我参观位于智利塞罗·帕拉纳尔山顶的欧洲南方天文台的甚大望远镜时，我真正经历了一次顿悟。

黄昏时分，我和其他天文学家一起站在山巅之上，四周是智利阿塔卡马沙漠的红色土壤，装有 4 台甚大望远镜的金属建筑闪耀的光芒令我们黯然失色，我们背对太阳站着，看着天空中的晚霞一点一点地褪去。我们在等太阳触及地平线的那一刻，因为太阳几分钟之内就会完全消失，我们会看到地球的轮廓伸向天空，在那蔓延开来的黑暗中，我们将找寻我们自己。

当这一场景开始显现时，我周围的人开始骚动起来。我们先是看到山峦的黑色轮廓逐渐升起，投射到空中。接下来，我们看到装有望远镜的建筑呈方形出现在山顶上。现在真正的考验到了。如果周围的空气静止无风，那么在光线完全消失之前，我们就会看到自己的轮廓出现在夜空之上。空气越宁静，我们就越容易看到我们自己的轮廓，那晚的宇宙景观也就越好。

我的心跳开始加快，我感觉我确实看到了一些像是人类的小小的轮廓。我有那么幸运吗？我看了一眼同伴，他笑了。

"这会是一个美好的夜晚。"他说。

我直愣愣地望向天空，但刚才的景象已经消失，取而代之的是一颗接一颗的星星，它们很快便以城里人难以置信的方式密密麻麻地铺满了整个夜空。那么多的星星，铺天盖地，马上就把那些我熟知的用来寻找方向的标识星座给湮没了。我就这样迷失在一件本以为再熟悉不过的事物当中，只觉头晕目眩天欲坠，有种感觉以排山倒海之势袭来，旋即转化为一种极度的欢喜。

我身边的望远镜已经开始工作，装有望远镜的建筑按照计算机的指令近乎无声地旋转着，仪器在移动着，锁定当晚的第一批目标。脚下是黄沙遍地，头上是繁星闪烁；冷风吹过面庞，心中却燃烧着充满想象的烈焰，我人虽然站在夜幕之下，心却与宇宙产生了连接。那一刻，我意欲探知夜空奥秘的炽热愿望比以往任何时候都燃烧得更加强烈。一种深邃的宁静感伴随着我的欢喜，那无疑是在见证如此极致的自然美景时才拥有的一种优越感，我感觉自己是更加广阔的宇宙的一部分。

真正的魔力

在那一瞬间，我不是一个在外部世界中游弋自主的生物，而是和周边的一切融为一体。那种摄人心魄的宇宙景观以一种如此深刻的方式激励着我，迫使我直面这样一个事实：我只不过是某种更加宏伟的事物中极其微小的一部分。尽管我可以依靠科学和科学方法将我和宇宙联系起来，并满足我自身试图搞清楚宇宙为什么存在的主要奥秘的那种渴望，但我现在绝对不怀疑，为什么更早年代的人们或具有不同文化价值观的人们会自然而然地认为，在这些现象背后一定藏着某种神秘的奇思妙想。如果存在这种奇思妙想，那就一定有其目的和意义。

一定是这些无法视而不见的感觉驱使狩猎采集者建立起秘密群体来研究夜空神秘的一面，而就在这些群体的组建中和他们的仪式中，我们看到了宗教的起源。正是在文字出现前的几百年间涌现出的创世神话中，我们看到了后来发展成为哲学、占星术和科学的最初尝试。

有了这些想法，在智利的那个特别时刻不仅让我深深地感受到人类与宇宙之间的联系，而且也使我产生了强烈的共鸣。因为我知道，只要这个宇宙中还有人类，他们就会仰望夜空，体会和我那一刻体验到的同样的感觉，体会和我们的祖先体验到的同样的感觉。

我们与夜空之间的联系是不容忽视的，这是本能，也是人类的意义所在。

注释

1. A. Marshack, *The Roots of Civilization: the Cognitive Beginning of Man's First Art, Symbol and Notation* (New York: McGraw-Hill, 1972).

2. 此处翻译依据的是卡尔·萨根于 1980 年出版的《宇宙》(*Cosmos*)。

3. P. A. Mellars, K. Boyle, O. Bar-Yosef & C. Stringer (ed.), *Rethinking the Human Revolution: new behavioural and biological perspectives on the origin and dispersal of modern humans* (Cambridge: McDonald Institute for Archaeological Research, 2007).

4. 在尤瓦尔·赫拉利的畅销书《人类简史：从动物到上帝》中，他将这次事件称为"认知革命"。

5. "伊尚戈骨"在位于布鲁塞尔的比利时皇家自然科学研究所公开展出。

6. Jean de Heinzelin, 'Ishango', *Scientific American*, 1962, 206:6, pp. 105–16.

7. Richard L. Currier, *Unbound: How Eight Technologies Made Us Human, Transformed Society, and Brought our World to the Brink* (Arcade, 2015).

8. www.newscientist.com/article/dn24090-how-many-uncontacted-tribes-are-left-in-the-world/.

9. Thomas Forsyth McIlwraith, *The Bella Coola Indians*, Vols. 1 & 2 (University of Toronto Press, 1948).

10. B. Hayden & S. Villeneuve, 'Astronomy in the Upper Paleolithic?', *Cambridge Archaeological Journal*, 2011, 21(3), pp. 331–55. doi:10.1017/S0959774311000400.

11. www.archeociel.com/index.html.

12. Hayden & Villeneuve, 'Astronomy in the Upper Paleolithic?'

13. J. McK Malville et al., 'Astronomy of Nabta Playa', *African Sky*, 2007, Vol. 11, pp. 2–7.

14 Fred Wendorf & Romuald Schild, 'Late Neolithic megalithic structures at Nabta Playa (Sahara), southwestern Egypt', Comparative Archaeology Web (26 November 2000).

15 Amanda Chadburn, 'Stonehenge World Heritage Site, United Kingdom', *ICOMOS–IAU Thematic Study on Astronomical Heritage*, pp 36–40

16 Gerald Hawkins, 'Stonehenge Decoded', *Nature*, 1963, 200, pp. 306–8.

17 Gerald Hawkins, *Stonehenge Decoded* (Doubleday, 1965).

18 Jacquetta Hawkes, 'God in the Machine', *Antiquity*, 1967, Vol. 11 (163), pp. 174–80.

19 Mike Parker Pearson, 'Researching Stonehenge: Theories Past and Present', *Archaeology International*, 2013, Vol. 16, pp. 72–83.

20 www.ancient-origins.net/artifacts-ancient-writings/kesh-temple-hymn-5600-year-old-sumerian-hymn-praises-enlil-ruler-gods-021152.

21 www.nature.com/articles/35042510.

22 即使在今天，玛阿特的化身——鸵鸟羽毛——仍然是正义的象征，而且通常被描绘成一个女人拿着它们。

23 Ara Norenzayan, *Big Gods: How Religion Transformed Cooperation and Conflict* (Princeton University Press, 2013).

24 Vere Gordon Childe, *Man Makes Himself* (Watts, 1936).

25 https://arxiv.org/pdf/1307.8397.pdf.

26 Andrew Curry, 'Göbekli Tepe: The World's First Temple?', *Smithsonian Magazine*, November 2008.

27 Jean-Pierre Bocquet-Appel, 'When the World's Population Took Off: The Springboard of the Neolithic Demographic Transition', *Science*, Vol. 333, 29 July 2011, www.sciencemag.org.

28 Norman Lockyer, *The Dawn of Astronomy* (Cassell and Company, 1894).

29 Jay B. Holberg, *Sirius: Brightest Diamond in the Night Sky* (Springer Praxis Books, 2007).

30 www.archaeology.org/issues/99-1307/artifact/935-egypt-limestone-sundial-valley-kings.

31 W. Dodd, 'Exploring the Astronomy of Ancient Egypt with Simulations II: Sirius and the Decans', *Journal of the Royal Astronomical Society of Canada*, Vol. 99, No. 2, p. 65.

32　O. Neugebauer, 'The Egyptian "decans"', *Vistas in Astronomy,* Vol. 1, 1955, pp. 47–51.

33　Alessandro Berio, 'The Celestial River: Identifying the Ancient Egyptian Constellations', *Sino-Platonic Papers,* No. 253, December 2014.

34　Jed Z. Buchwald, 'Egyptian Stars under Paris Skies', *Engineering and Science,* No. 4, 2003, p. 20.

35　M. W. Ovenden, 'The origin of the constellations', *Philosophical Journal,* 3 (1), 1966, pp. 1–18.

36　Mary Blomberg and Göran Henriksson, 'Evidence for the Minoan origins of stellar navigation in the Aegean', Actes de la Vème conférence de la SEAC, Gdańsk de la SEAC, Gdansk, 5–8 September 1997. Światowit supplement series H: Anthropology II. A. Le Beuf and M. Ziólkowski (eds), 1999, pp. 69–81.

37　B. E. Schaefer, 'The latitude and epoch for the formation of the southern Greek constellations', *Journal for the History of Astronomy* (ISSN 0021- 8286), Vol. 33, Part 4, No. 113, pp. 313–50 (2002).

38　将科学观察引入我们对自然世界的理解这一领域并没有被普遍接受。在 17 世纪，当罗伯特·胡克等自然哲学家开始研究气压时，他们的这种行为被指责为愚蠢的"称量空气"行为。然而，这种测量后来成为气象学的基础，气象学通过这种方法进行的预测和警告挽救了无数生命。

39　B. Van der Waerden, 'Babylonian Astronomy. III. The Earliest Astronomical Computations', *Journal of Near Eastern Studies,* 1951, 10(1), pp. 20–34. http://www. jstor.org/stable/542419.

40　John Steele, 'Astronomy and culture in Late Babylonian Uruk', 2011 Proceedings IAU Symposium No. 278, 2011, 'Oxford IX' International Symposium on Archaeoastronomy, Clive Ruggles (ed.).

41　Michael Gagarin in *The Oxford Encyclopedia of Ancient Greece and Rome,* Vol. 7, p. 64.

42　虽然我们今天仍然同意这一基本原则，但我们对这一基本问题的性质的看法存在分歧。今天，粒子加速器已经表明，夸克和电子等基本粒子像亚原子建筑砖一样聚集在一起，形成构成万物的原子。

43　Markham J. Geller, *Melothesia in Babylonia: medicine, magic, and astrology in the ancient near east* (Boston: De Gruyter, 2014).

注释

44 http://blog.wellcomelibrary.org/2014/01/the-enigma-of-the-medieval-almanac/.

45 Bernard Capp, *Astrology and the Popular Press: English Almanacs 1500–1800* (London: Faber and Faber, 2008).

46 John W. Livingston, 'Ibn Qayyim al-Jawziyyah: A Fourteenth Century Defense against Astrological Divination and Alchemical Transmutation', *Journal of the American Oriental Society,* Vol. 91, No. 1 (January–March 1971), pp. 96– 103.

47 如果您可以使用钢琴或键盘，请亲自尝试。尼科马霍斯的行星音阶中的音符是 D、C、Bb、A、G、F、E。

48 现代天文学家认为，一种叫作暗物质的东西弥漫在宇宙中。这是一种看不见的物质，完全不同于构成恒星、行星以及人类的正常原子。因此，人们使用普通的望远镜无法看到它。他们的假设是，来自暗物质的引力有助于聚集形成大型的恒星集合体，即银河系。关于这些看不见的粒子可能是什么，有几十个（可能是数百个）说法。数十亿英镑已经花费在试图捕获它甚至制造这些东西的高度敏感的设备上。然而，尽管经过几十年的努力，依旧没有人能够探测到其中的一块。不过，这种失败并没有削弱人们对这个想法的信心。大多数天文学家和粒子物理学家仍然相信暗物质以某种形式存在。对我来说，同样的过程正在我们对不同可能的暗物质的现代评估和对天体和谐的古代哲学讨论中发生。现代科学家和古代哲学家都只是从他们所处时代的知识中进行推断的，希望他们已经有了正确的想法。

49 其他人则认为它没有任何宗教意义，这种运动是物质的自然结果。例如，亚里士多德提出，圆周运动是由以太构成的任何事物的自然运动状态。相比之下，他声称直线运动是由土和水构成的事物的最自然的运动形式，这巧妙地解释了为什么物体从桌子上会直接掉落到地面上，而月球和其他天体却跟随轨道运行。

50 Alessandro Bausani, 'Cosmology and Religion in Islam', *Scientia/Rivista di Scienza,* 1973, Vol. 108 (67), p. 762.

51 公历并不是一个完美的体系，但它是一个巨大的进步。现在要到第六个千年，公历的春分日期才会与真正的春分日偏离整整一天。

52 Owen Gingerich, *The Book Nobody Read* (Walker & Company, 2004).

53 Donald V. Etz, 'Conjunctions of Jupiter and Saturn', *Journal of the Royal Astronomical Society of Canada,* 94, pp. 174–8, 2000, Aug./Oct.

54 Margaret Aston, 'The Fiery Trigon Conjunction: An Elizabethan Astrological

Prediction', *1 Isis,* Vol. 61, No. 2 (Summer 1970), pp. 158–87, The University of Chicago Press on behalf of The History of Science Society.

55 埃及的金字塔并不是完美的立体建筑物，因为它们的基座是正方形，而不是另一个等边三角形。

56 www2.hao.ucar.edu/Education/FamousSolarPhysicists/tycho-brahes-observations-instruments.

57 这两颗爆炸恒星的残骸已经被现代天文学家发现和研究过。一个天文方面的好奇之处是，平均而言，我们应该期望每个世纪在银河系中都可以看到一颗这样的超新星。然而，自开普勒以来，没有一颗超新星是可见的。这被认为只是统计学上的偶然事件，而不是银河系中恒星行为的有意义的变化。

58 为了叙述的完整性，这里必须提到的是，英国天文学家托马斯·哈里奥特在 1609 年 7 月 26 日利用通过望远镜看到的景象绘制了月球的草图。因此，他的作品比伽利略的早了几个月。

59 E. A. Whitaker, 'Galileo's Lunar Observations and the Dating of the Composition of Sidereus Nuncius', *Journal for the History of Astronomy,* Vol. 9, p. 155.

60 Peter Harrison, *The Fall of Man and the Foundations of Science* (Cambridge University Press, 2009).

61 复兴（instauration）是一个古老的词，意思是经过一段时间的忽视或衰败后的恢复。

62 佚失（Sorry）。

63 Allan Chapman, 'Edmond Halley's Use of Historical Evidence in the Advancement of Science', 1994, *Notes and Records of the Royal Society of London,* Vol. 48, No. 2, pp. 167–91.

64 牛顿本人也拒绝了"三位一体"的观点，但他很明智地坚守了自己的信仰。

65 U. B. Marvin, 'The meteorite of Ensisheim – 1492 to 1992', *Meteoritics* (ISSN 0026-1114), Vol. 27, March 1992, pp. 28–72.

66 Hitoshi Yamaoka, 'The quinquennial grand shrine festival with the Nogata meteorite', *Highlights of Astronomy,* Vol. 16, XXVIIIth IAU General Assembly, August 2012 (c) International Astronomical Union 2015 T. Montmerle (ed.). https://www.cambridge.org/core/services/aop-cambridge-core/content/view/S1743921314005225.

67 并非所有的流星都会变成陨石落到地面，大多数流星现象是由在大气中燃烧的不比沙粒大的碎片导致的。然而，当流星体更大时，明亮的"条纹"可能会更强大。它可以在白天的天空中被看到并产生声爆，因为它的速度超过了声速。

68　John G. Burke, *Cosmic Debris: Meteorites in History* (Berkeley and Los Angeles: University of California Press, 1986).

69　N. V. Vasiliev, A. F. Kovalevsky, S. A. Razin & L. E. Epiktetova, eyewitness accounts of Tunguska (crash), 1981.

70　Richard Jenkins, 'Disenchantment, Enchantment and Re-Enchantment: Max Weber at the Millennium', *Max Weber Studies,* Vol. 1, No. 1 (November 2000), pp. 11–32.

71　《自然哲学的数学原理》的前言。

72　www.ebyte.it/logcabin/belletryen/IsaacNewton_OdeByHalley.html.

73　Joseph Addison, *The Spectator,* No. 420, 2 July 1712.

74　这里有对毕达哥拉斯思想的有趣呼应。早在 6 世纪，毕达哥拉斯就定义了他的有限和无限的概念，并认为这个领域的音乐可以将两者结合起来。

75　J. V. Golinski, 'Sublime Astronomy: The Eidouranion of Adam Walker and His Sons', *Huntington Library Quarterly,* 80:1 (2017), pp. 135–57.

76　普及（popularisation）这个词本身是在 19 世纪的法国被创造出来的。Bernadette Bensaude-Vincent, Liz Libbrecht, 'A public for science. The rapid growth of popularization in nineteenth century France', in Réseaux: *The French journal of communication,* Vol. 3, No. 1, 1995, pp. 75–92.

77　Anna Henchman, *The Starry Sky Within: Astronomy and the Reach of the Mind in Victorian Literature* (Oxford University Press, 2014).

78　www.vangoghletters.org/vg/letters/let691/letter.html#translation.

79　https://theconversation.com/flying-chariots-and-exotic-birds-how-17th-century-dreamers-planned-to-reach-the-moon-84850.

80　www.translate.google.co.uk.

81　当然，我们现在知道，月球质量太小了，所以其引力太弱不足以捕获气体作为大气层。

82　www.popularmechanics.com/space/moon-mars/a28485/russian-rocket-genius-konstantin-tsiolkovsky/.

83　Final Report, 1952 Summer Study Group, February 10, 1953 (2 Vols.), LLAB.

84　Paul Dickson, *A Dictionary of the Space Age* (The Johns Hopkins University Press, 2009).

85　1958 年 1 月 4 日，“斯普特尼克 1 号”在环绕地球 1 440 圈后重新进入地球大气层时焚毁。

86　Roger D. Launius, 'It All Started with Sputnik: An eminent space historian looks back on the first 50 years of space exploration', *Air & Space Magazine,* July 2007.

87　101 年后，心灵研究学会对他们最初的报告发表了一份评估，得出的结论是对布拉瓦茨卡娅的谴责过于草率。心灵研究学会在自己的网站上说：“今天，心灵研究学会继续促进和支持心理研究的主要领域，进行实地调查、勘测和实验工作。学会成员对心灵感应和其他心理现象现在被统称为 psi（精神力）的真正起源和意义没有共同的看法，成员之间就特定主题所进行的辩论往往很激烈。然而，公平地说，从最早的时期开始，学会成员以及整个 psi 研究界的共识就是 psi 是真实的，虽然这些现象确实应该用科学术语来解释，但目前还不存在这样的科学。”

88　Nicholas Campion, *A History of Western Astrology Volume II, The Medieval and Modern Worlds* (Continuum, 2009).

89　Carl Jung, *Letters,* Vol. II, pp. 463–4.

90　www.theatlantic.com/technology/archive/2011/04/yuri-gagarins-first-speech-about-his-flight-into-space/237134/.

91　www.newscientist.com/article/mg21028075-600-yuri-gagarin-108-minutes-in-space/.

92　备忘录《对我们国家太空计划的建议：改变、政策、目标》源自 1961 年 5 月 8 日詹姆斯·韦布和罗伯特·麦克纳马拉向林登·约翰逊副总统提交的报告。

93　自 20 世纪 70 年代末以来，美国宇航局的预算一直不到联邦预算的 1%。

94　Roger D. Launius, 'Public opinion polls and perceptions of US human spaceflight', *Space Policy* 19 (2003), pp. 163–75.

95　Matthew D. Tribbe, *No Requiem for the Space Age* (OUP, 2014).

96　《星际迷航》系列最终获得了巨大的成功，但在 10 年的重播之后，人们似乎忘记了登月的成本，而只是记住了这一成就。

97　www.hollywoodreporter.com/news/neil-armstrongs-moonwalk-killed-box-office-1969-1149903.

注释

98   Tribbe, pp. 8–9.

99   Shklovsky and Sagan, *Intelligent Life in the Universe* (Holden-Day Inc., 1966).

100   https://web.archive.org/web/20080923012425/http://history.nasa.gov/
      ap08fj/03day1_green_sep.htm.

101   NASA reference number AS08-16-2593.

102   www.space.com/42848-earthrise-photo-apollo-8-legacy-bill-anders. html.

103   弗兰克·博尔曼的私人采访，引自 Boffin Media。

104   http://cecelia.physics.indiana.edu/life/moon/Apollo8/122568sci-nasa-ma-cleish.
      html.

105   www.space.com/42848-earthrise-photo-apollo-8-legacy-bill-anders. html.

106   Catalogue number: AS17-148-22727.

107   www.theatlantic.com/technology/archive/2011/04/the-blue-marble-shot-our-first-
      complete-photograph-of-earth/237167/.

108   www.theatlantic.com/technology/archive/2011/04/the-blue-marble-shot-our-first-
      complete-photograph-of-earth/237167/.

109   理查德·霍林汉姆（Richard Hollingham）未正式发表的采访记录。Boffin
      media, for *Message from the Moon,* Radio 3, (https://www.bbc.co.uk/programmes/
      m0001psz). 由私人提供的副本。

110   'John Glenn: First American to Orbit the Earth', *American History,* October 1997.

111   www.theatlantic.com/technology/archive/2016/02/edgar-mitchell/461913/.

112   https://www.theatlantic.com/technology/archive/2016/02/edgar-mitchell/461913/.

113   Michael Collins, *Carrying the Fire* (Farrar, Straus and Giroux, 2019).

114   Eva C. Ihle, Jennifer B. Ritsher, Nick Kanas, 'Positive Psychological Outcomes of
      Spaceflight: An Empirical Study', *Aviation, Space, and Environmental Medicine,*
      Vol. 77, No. 2, February 2006, pp. 93–101(9), Aerospace Medical Association.

115   Summer Allen, *The Science of Awe,* September 2018. 加利福尼亚大学伯克利分
      校的"大善"科学中心为约翰·坦普尔顿基金会准备的白皮书。

116   www.esa.int/Applications/Navigation/ESA_sets_clock_by_distant_spinning_stars.

117   www.telegraph.co.uk/travel/comment/astrotourism-new-sustainable-travel-trend/.

118   Fred Hoyle, *The Observer,* 9 September 1979, 'Sayings of the Week'.